U0174566

ARTIFICIAL

INTELIGENCE

人工智能
与工商管理

董晓松　万芸　王静　著

AND

BUSINESS

ADMINISTRATION

社会科学文献出版社
SOCIAL SCIENCES ACADEMIC PRESS (CHINA)

江西省高等学校教学改革研究课题："国家一流本科专业建设"背景下工商管理专业五位一体"新商科"培养模式研究（项目编号：JXJG1913）

国家自然科学基金（项目编号：7186203）

前　言

　　"人工智能"一直是计算机科学的前沿和热点，受关注度因技术的发展几起几落，自20世纪50年代提出后受到追捧，到70年代因算法非线性问题的效果不理想而淡出公众视野，80年代末期又因专家系统的兴起再次得到众多企业的青睐，21世纪后，随着神经网络、机器学习等算法的成熟，人工智能热潮再次来临。

　　当前的国家发展纲领性文件把创新摆在核心位置，高度重视人工智能的发展，多次谈及新一代人工智能发展的重要性，为人工智能如何赋能新时代指明方向，成为推动高质量发展的重要抓手。部分先行国家已经充分认识到人工智能的战略意义，纷纷从国家层面加大投入，长期以资金支持、技术竞赛等方式，扶持人工智能在军事、情报、医疗等领域的应用。全球科技企业巨头也全力加速人工智能领域的投资和研发。同样，我国科技企业也在人工智能的研发、人才培养等方面加大投入，储备核心技术。

　　人工智能作为引领性的战略性技术，是新一轮科技革命和产业变革的重要驱动力量，已经被迅速应用到各种场景。越来越多的企业开始构思如何构建新型管理架构，创造新的模式以便更高效地运作组织，使管理效用最大化。本书主要阐释人工智能对工商管理理论与实践的影响，内容包括人工智能在市场营销、人力资源、财会管理、创新管理、战略管理、组织行为、生产运营等各领域的应用。

第一章为人工智能的概述，阐述人工智能的基本内涵，并追溯人工智能发展的演进阶段；第二章至第八章着重探讨了人工智能在工商管理分支的应用与影响，并针对当前存在的问题给出相应的对策建议，以期更好地促进两者之间的融合发展；第九章指向人工智能与工商管理的未来，基于当前发展现状和趋势、面临的挑战和困难，为人工智能在工商管理领域的未来应用给出合理建议。本书不仅从全景视角解读人工智能对未来工商管理各领域的积极影响，而且指出其负面效应和应对措施，以便工商管理学习者和实践者对人工智能有一个充分且全面的认识。

第三次人工智能革命一触即发，人类即将迈入人工智能新时代，人工智能的不断发展给工商管理带来了许许多多的转变，将人工智能上升至战略层面，是企业提升竞争力和影响力的绝佳机会。

目　录

第一章　人工智能概论

人工智能自 20 世纪 50 年代末诞生至今，已有 60 余年的发展历史。人工智能具有巨大的发展空间，是人类社会发展强有力的催化剂。图像分类、数据计算、人脸识别、无人超市等新兴技术随处可见，我们的工作与生活已经不可逆转地向智能化方向发展。本章梳理了人工智能的基本理论体系、演进阶段以及面临的挑战，呈现了几代科研人员对人工智能的推动和贡献，以便大家更好地理解人工智能。

第一节　人工智能的内涵与外延

随着社会的发展，人工智能技术不断取得新的成就和突破，人们对人工智能概念的理解也逐渐深入。本节对人工智能概念的内涵与外延进行研究，内涵是指一个概念所概括的思维对象本质特有的属性总和，外延是指一个概念所概括的思维对象的数量或范围，辨析其内涵与外延有助于全方位把握人工智能理论体系。

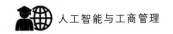

一　人工智能概念

（一）人工智能概念的提出

1956 年，约翰·麦卡锡（John McCarthy）在达特茅斯会议上首次提出"人工智能"（Artificial Intelligence）的概念，认为人工智能不仅意味着对人类智能的复制，同时涉及超过人类的各种计算能力。认知科学家马文·明斯基（Marvin Lee Minsky）也在研究中指出人工智能是让机器做出需要人类智力的事情的科学。马丁·加德纳（Martin Gardner）通过参考人类智能来定义人工智能，认为人工智能具有处理信息的生理学潜力，可以帮助人类解决问题或创造有价值的产品。

进入 21 世纪以来，人工智能的概念在研究中日渐明了。马少平和朱晓燕（2004）指出人工智能是在计算机科学、控制论、信息论、神经生理学、心理学、语言学等多种学科相互渗透中发展起来的一门综合性新学科；贾开和蒋余浩（2017）认为，人工智能是一种算法，是一种制造智能机器的科学与工程。人工智能的概念一直在发展中，安德烈亚斯·卡普兰（Andreas Kaplan）和迈克尔·亨莱恩（Michael Haenlein）在 2019 年提出了一个更为详细的定义，他们认为人工智能系统是一个能够正确地解释外部输入数据，并从这些数据中学习，然后通过反复学习实现特定的目标和任务的系统。

（二）人工智能概念的内涵

1. 核心本质
人工智能的内涵可以划分为人工智能的核心本质和人工智能

的基本本质两类。其中，人工智能的核心本质主要是机器学习的算法，包括模式识别、统计学习和深度学习。深度学习是机器学习领域中的一个重要研究方向（陈先昌，2014），包含了卷积神经网络、深度置信网络、自编码神经网络等复杂的机器学习算法。深度学习主要是学习数据的内在规律和表示层次，其最终目标是让机器能够像人一样具有分析学习能力，能够识别文字、图像和声音等数据。

2. 基本本质

人工智能的基本本质是算法与其他信息的结合，比如，人工智能算法通过与图像、语音、文字、生物特征等的结合，分别形成了计算机视觉、语音识别、自然语言处理、生物特征识别等。其中，计算机视觉的最终研究目标是使计算机能像人那样通过视觉观察和理解世界，具有自主适应环境的能力。通过语音识别进行内容鉴别，可以有效地提高身份识别的准确率。基于机器学习方法和大数据可以训练出语义分析模型，能够较为准确地分析出句子类型及不同语种。生物特征识别主要是通过每个人特定拥有的生理特性（如虹膜、指纹等）和行为特征（如笔迹、声音、步态等）来对人的身份进行鉴别。

（三）人工智能概念的外延

人工智能概念的外延是指人工智能概念内涵与其他学科的交叉。比如，人工智能与物联网、大数据、云计算以及人工智能科学等相结合发展出来的应用领域。

1. 智能营销

智能营销是依托先进的计算机、移动互联网、物联网等科学技术，为传统市场营销注入新思维、新理念、新方法和新工具的创新营销概念。在电商领域，电子商务网站的个性化推荐应用是智能营销的一大应用领域。比如，著名的电子商务网站亚马逊被称为"推荐系统之王"，用户侧会看到的推荐信息包括标题、推荐理由、反馈方式等，有数据表明亚马逊至少有 35% 的销售得益于推荐算法。在客户管理方面，大多数机构、公司都在应用基于人工智能的自动化解决方案，比如聊天机器人，为客户提供更快、更便捷的帮助。一般的聊天机器人主要用于客户反馈、市场营销和销售等领域，而企业聊天机器人更多地用来处理一些虚拟任务，如录入数据、安排日程、进行内部项目管理等。

2. 智能交通

智能交通系统（ITS）将先进的数据通信技术、传感器技术、电子控制技术以及计算机技术等有效地运用于整个交通运输管理体系，从而建立起一种在大范围内全方位发挥作用的实时、准确、高效的运输和管理系统。智能交通系统通过人、车、路的密切配合提高交通运输效率，缓解交通阻塞，提高路网通过能力，减少交通事故，降低能源消耗，减轻环境污染。

世界上应用智能交通系统最为广泛的地区是日本，其智能交通系统相当完备和成熟。美国、欧洲等地区智能交通系统的应用也较为广泛。中国的智能交通系统发展也比较迅速，北京、上海、广州等大城市已经建设了先进的智能交通系统。其中，北京建立了道路交通控制、公共交通指挥与调度、高速公路管理和紧急事件管理四大智能交通系统，广州建立了交通信息共用主平台、物流信息平台和静态交通管理系统三大智能交通系统。随着智能交通系统技术的发展，智能交通系统将在交通运输行业得到越来越广泛的运用。

3. 智能金融

在现代金融领域，机器学习的运用也能够帮助企业更加有效地管理和优化客户的投资组合，同时，机器学习对预防和监测金融领域的欺诈行为具有重要的作用，其复杂的算法可以准确发现并确定欺诈模式，从而阻止欺诈活动的发生。在决策交易中，机器学习算法能够辅助交易决策的实施，当市场营销中涉及大量数据，机器学习可以通过分析广告宣传、网络互动和顾客手机应用等信息制定有效的营销策略。此外，机器学习对贷款和保险承担、风险管理、客户服务、文本分析、交易失败原因分析等都有着重要的作用。

4. 智能医疗

国外智能医疗的发展已有40多年的历史，相比之下，我国起步较晚，近几年加快发展。智能医疗应用较广的是远程医疗，是指以计算机技术为依托，充分发挥大医院或专科医疗中心的医疗技术和医疗设备优势，为医疗条件较差的地区提供远程诊断、治疗和咨询服务。现如今，远程医疗技术已经从最初的电视监护、电话远程诊断发展到利用高速网络进行数字、图像、语音的综合传输，并且实现了实时的语音和高清晰图像的交流，为现代医学提供了更广阔的发展空间。我国一些有条件的医院和医科院校已经开展了智慧医疗布局，如上海医科大学金山医院在网上公布了远程医疗会诊专家名单、西安医科大学成立了"远程医疗中心"、贵阳市成立了西南第一家远程医疗中心等。我国智慧医疗事业的建设和发展正在如火如荼地进行。

5. 智能家居

智能家居是在互联网影响之下物联化的体现。智能家居通过物联网技术将家中的各种设备，比如音视频设备、照明系统、窗帘、空调、安防系统、数字影院系统、影音服务器、影柜系统等连接到一起，提供家电控制、照明控制、电话远程控制、室内外遥控、防盗报警、环境监测、暖通控制、红外转发以及可编程定时控制等多种功能。

第二节　人工智能的特征与分类

一　人工智能的特征

（一）处理数据信息，服务人类生活

人工智能可以通过对数据信息进行处理分析，快速制定解决方案，并且可以类比人类的思维方式。人工智能由人类设计，从根本上说，人工智能系统必须以人为本、为人类服务，其本质是计算，基础则是数据。人工智能主要通过对数据的采集、加工、处理、分析和挖掘，形成有价值的信息流和知识模型，为人类提供延伸服务，来完成一些智能活动。在理想情况下，人工智能必须体现服务人类的特点，而不应该伤害人类，特别是不应该有目的地做出伤害人类的行为（王玮，2019）。

（二）感知外界环境，实现人机交互

人工智能系统具备借助传感器等设备对外界环境（包括人类）进行感知的能力。它可以像人一样通过听觉、视觉、嗅觉、触觉等接收来自环境的各种信息，产生文字、语音、表情、动作等必要的反应。借助按钮、键盘、鼠标、屏幕、手势、体态、表情、虚拟现实等，人与机器可以进行交互与互动，使机器设备越来越"理解"人类乃至与人类共同协作，实现优势互补。这样一个能够自我完善、适应人类能力的人工智能系统，可以做更多人类不擅长做的事，帮助人类拓展自己的思维和提升能力。

（三）适应学习特性，进行演化迭代

人工智能系统具有一定的自适应特性和学习能力，可以随环境、数据或任务变化而自适应调节参数或更新优化模型。在此基础上，通过与云、端、人、物越来越广泛地连接，实现机器客体乃至人类主体的演化迭代，以应对不断变化的环境，从而使人工智能得到更广泛的应用。人工智能算法在不断地演化迭代，其应用性和实用性也在不断增强（乐建华，2018），而这种演变也将给经济社会带来越来越深刻的变化。

二 人工智能的分类

根据人工智能的算法和发展逻辑，可以将其划分为符号人工智能和深度学习人工智能。根据人工智能的应用范围，还可将其划分为专用人工智能、通用人工智能和超级人工智能三类。约翰·塞尔（J. R. Searle）和雷·库兹韦尔（Ray Kurzweil）等以人工智能与人类智能发展水平之间的关系为判断标准，将人工智能分为弱人工智能、强人工智能和超人工智能三类。

弱人工智能指的是受人支配且不具有自我意识的机器智能，例如，虽然阿尔法狗（AlphaGo）在人机大战中完胜，但一旦涉及其他领域的问题却一概不知，这就是弱人工智能。目前人类已经掌握了弱人工智能，我们熟知的人工智能技术大多属于弱人工智能。

强人工智能是人工智能发展的较高阶段，指的是能够全方位模拟人类能力，甚至超过人类而应对各种挑战的通用智能系统。随着技术的进步，人工智能终将由弱人工智能向强人工智能甚至超人工

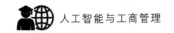

智能的方向发展。

超人工智能指超过人类智力水平，几乎在所有领域都比最聪明的人类大脑都强得多的人工智能。但是，人工智能这种看似"超强"的发展也让许多科技界人士感到担忧，如特斯拉首席执行官埃隆·马斯克（Elon Musk）将其称为"召唤恶魔"，比尔·盖茨认为人类应该担心人工智能带来的威胁，人工智能带来的社会风险以及安全隐患应该是未来把控超人工智能发展的一大关注点（Sam and Jacob，2016）。

第三节　人工智能的演进与挑战

人类对类人智能的想象与思考由来已久，其起源最早可以追溯到 20 世纪 40 年代。1956 年，在达特茅斯会议上"人工智能"这一专业术语首次被提出，这标志着人工智能学科正式诞生。人工智能的发展经历了诞生期、黄金期、低迷发展期以及稳步发展期四个阶段，从而不断完善。

一　人工智能的诞生

（一）标志性事件

1937 年，艾伦·麦席森·图灵（Alan Mathision Turing）发表了《论数字计算在决断难题中的应用》，敲开了人工智能研究的大门。"可计算性"和"图灵机"的提出使纯数学符号逻辑与现实之间建立了联系。第二次世界大战中，图灵协助盟军研发的密码破译机"巨人"被认为是第一台机电计算机。1950 年，他进行了一个关于机器能够思考的著名实验——"图灵测试",提出了可操作的判定智能的标准,至今仍被认为是唯一可行的标准。

冯·诺依曼(Neumann)也为人工智能研究做出了重大贡献。第二次世界大战期间,美国人莫克利(Mauchly)和艾克特(Eckert)研制出世界上第一台电子计算机 ENIAC,但是存在没有存储器、不灵活等问题。1945 年,冯·诺依曼起草 EDVAC 方案,提出了存储程序以及二进制编码等计算机的逻辑结构理论,即冯·诺依曼结构(见图 1-1),这对后来计算机的设计产生了决定性的影响,这一逻辑至今仍为电子计算机设计者所遵循。1958 年,《计算机与大脑》出版,这本书从某种程度上预示了人工智能的发展路径。

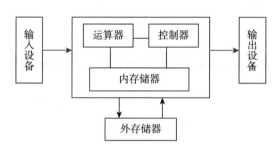

图 1-1 冯·诺依曼结构

(二)基础性理论

1. 神经科学

神经科学的基础性研究以类人脑智能为方向,旨在把神经网络变成数学运算。1943 年,沃伦·麦卡伦和沃尔特·皮兹发表了《神经元数据逻辑模型》一文,被认为是在智能与神经科学之间架起桥梁的奠基理论。文章提出一种神经元数学模型,并认为智能是人脑智力功能的表现。8 年后,马文·明斯基也进行了有关神经网络科学的研究，并构建了世界上第一个神经网络模拟器。神经学为人工智能的进步提供了灵感，包括"精神画板"算法，使人工智能可以更有效地解决复杂问题。

2. 计算机科学

计算机科学是对与数据相互作用的过程的研究，这些过程可以用程序表示为数据。1945 年，计算机科学理论的奠基人图灵结合理论计算机科学和战时的工作，研制出新的计算机。同年，图灵开始从事"自动计算机"（ACE）的逻辑设计和具体研制工作，提出了通用图灵机的概念，相当于通用计算机的解释程序。这直接促进了通用计算机的设计和研制工作，他同时指出，通用图灵机在计算时，其"机械性的复杂性"是有临界限度的，超过这一限度，就要增加程序的长度和存储量。这种思想为计算机科学中计算复杂性理论的提出奠定了基础。

3. 机器学习算法

机器学习源于人脑的启发，即通过使用算法解析数据，从而利用现实世界的信息做出决策和预测。机器学习算法分为监督学习、无监督学习、集成学习、深度学习和强化学习几类。监督学习是从标记的训练数据中学习一个模型，根据此模型对未知数据进行预测；无监督学习是自动从样本中学习特征，进行预测；集成学习是使用多种学习方法，获取更优结果；深度学习，是利用复杂结构的多个处理层，对数据进行高层次抽象的算法；强化学习强调基于环境的行动，以取得最大化的预期利益。

二　人工智能发展的黄金期

达特茅斯会议召开之后的 10 多年，即 20 世纪 50 年代下半期至

70 年代中期是早期人工智能发展的黄金时期。这一时期，人工智能在各个领域的应用和取得的成就让许多人震惊，人们甚至无法相信这就是机器的"智能"。无论是解决代数应用题还是学习和使用英语，机器所展现出的"智能"都为人工智能铺就了光明的发展道路。

（一）早期发展流派

1. 联结主义

联结主义，又称仿生学派或生理学派，主要研究人脑神经网络及其联系原理。以鲁梅尔哈和明斯基为代表，主要研究机器学习和深度学习的内容。明斯基认为人工智能研究应该从神经网络开始，构建与大脑中神经元之间的连接类型相一致的网络。思维是由许多不同的智能主体组成的分层组织，它们可以处理不同情境下的信息。联结学派通过算法模拟神经元，并把这样一个单元叫作感知机，将多个感知机组成一层网络，多层这样的网络互相连接最终得到神经网络。

2. 符号主义

符号主义，又称逻辑主义或心理学派，该方法的实质是通过符号模拟人的大脑抽象的逻辑思维过程，模拟人类认知系统的运作机理，并运用计算机处理符号，发挥人工智能的功能。符号主义学派认为人工智能源于数学逻辑，人类认知和思维的基本单元是符号，而认知过程就是在符号表示上的一种运算，它主要的研究领域是知识工程和专家系统。

3. 行为主义

除了联结主义人工智能和符号主义人工智能的研究范式外，行为主义人工智能主要是通过行为主义的研究，使人工智能产品技术积极适应外部环境，同时根据收集到的外部数据调整自己的行为。行为主义学派认为，人工智能取决于感知和行动，而不需要逻辑知识和推理。行为是有机体用以适应环境变化的各种身体反应的组合，它的理论目标在于预见和控制行为。尽管行为主义学派还没有形成完善的理论体系，但该学派对人工智能的认识比较独特，对人类控制行为的研究对人工智能的发展有很大的促进作用。

（二）早期成果应用

1. 早期神经网络

神经网络的发展给人工智能带来了更大的发展空间，而将神经网络与计算机相连无疑能够增加机器的智能性。1958 年，弗兰克·罗森布拉特（Frank Rosenblatt）提出"感知机"理论，模拟人类感知能力，建立了一个人工神经网络。感知机是人工神经网络的第一个实际应用，标志着神经网络进入了新的发展阶段。1960 年，斯坦福大学教授威德罗（B. Widrow）和霍夫（M. Hoff）提出自适应线性单元，即一种连续取值的人工神经网络，可用于自适应系统，因此随机人工神经网络进入第一个研究高潮期。

2. 早期推理系统

人工智能的研究方向还有搜索式推理和自然语言处理。搜索式推理，即为实现一个目标不断地进行尝试，直至找到正确的途径。就像走迷宫一样，不过，不断地尝试意味着需要巨大的计算量，即数据爆炸，所以在研究时可以辅以启发式算法，筛除错误支路，精简范围，从而更快地实现目标。自然语言处理旨在将语言学、计算机科学、数学等学科集于一体，相互作用。通过一系列加工、计算等操作，让计算机理解人类的语言，进而更好地实现人机交互，达到用计算机代替人工来处理大规模自然语言信息的目的。

3. 早期专家系统

专家系统是指应用人工智能将认知限制在一个特定的专业知识领域内，避免了无关或常识问题，其本身简单的设计使程序的构建、修改相对容易。1968 年，爱德华·费根鲍姆（Edward Feigenbaum）研发出最早的专家系统 DENDRAL，它可以推断化学分子结构，并回答关于化学知识领域的问题。1972 年，据此开发的医学专家系统 MYCIN 能够帮助医生对住院的血液患者进行诊断以及选用药物进行治疗，证明了该方法的可行性。

三　低迷发展时期

遗憾的是人工智能的第一个黄金时期没有持续太长的时间，人工智能的成就让人们过于自信，超前的理论缺乏相应的研究支持，计算机的计算能力发展远远落后于预言的速度，之后人们面临的只能是预言的破灭。

（一）计算机性能不足

这一时期计算机有限的内存和处理速度不足以解决任何实际的人工智能问题。例如，罗斯·奎连（Ross Quillian）在自然语言方面的研究结果只能用一个含 20 个单词的词汇表进行演示，因为内存只能容纳这么多。1976 年，汉斯·莫拉维克（Hans Moravec）指出，计算机离智能的要求还差上百万倍。因此，他做了个类比：人工智能需要强大的计算能力，就像飞机需要大功率动力一样，低于一个门限是无法实现的，计算机本身性能的不足给解决人工智能领域内的问题造成了巨大的困扰，但是随着计算机性能的优化，解决问题逐渐会变得简单。

（二）专家系统发展乏力

随着人工智能应用规模和范围的不断扩大，专家系统存在的应用领域狭窄、知识获取困难、推理方法单一、缺乏分布式功能、难以与现有数据库兼容等问题逐渐暴露出来（邱帅兵，2019）。例如，专家系统不容易被训练来识别人脸，甚至不容易区分一张英格兰松饼和一张吉娃娃狗的图片。对于这样的任务，系统必须能够正确地理解外部数据，从这些数据中学习，以通过灵活的适应性来完成特定的目标和任务。由于专家系统不具备这些特征，所以从技术上讲，专家系统并不是真正的人工智能系统。

（三）神经网络研究受阻

早在20世纪40年代，加拿大心理学家唐纳德·赫布（Donald Olding Hebb）发展了"赫布学习"的学习理论，复制了人脑中神经元传导联系的过程，这促进了人工神经网络研究的发展。然而，这项工作在1969年停滞不前，当时马文·明斯基和西蒙·派珀特表明，计算机没有足够的能力来处理这种人工神经网络工作。系统智能化发展进程的停滞，让整个人工智能发展进度变慢，进入了低迷期。

（四）财务支持遭受挫折

20世纪80年代后期，众多战略咨询机构认为人工智能不是下一波信息技术发展的风头，很多国家和企业停止了对人工智能项目的资助，资金逐渐投向那些似乎更有可能立竿见影的信息技术项目。到1991年，日本政府还没有实现其在1981年提出的建设"第五代人工智能工程"的目标。由此可见，人们对于人工智能的期望远远要高于实际可能达到的水平，到 1993 年底，超过 300 家人工智能公司倒闭、破产或者被收购，第一波人工智能商业浪潮结束。

四　稳步发展时期

20 世纪 90 年代中期至今，人工智能呈现逐渐复苏并稳步发展的态势。网络技术尤其是互联网技术的出现与发展、计算机计算速度和容量的提升以及现代智能代理范式的形成都给人工智能的复苏和回归创造了有利条件。

（一）标志事件

1997 年 5 月 11 日，一台名叫深蓝（Dark Blue）的超级计算机击败了人类历史上最伟大的国际象棋棋手加里·卡斯帕罗夫（Garry Kasparov），人类与机器的斗争以计算机的微弱优势而告终。2005 年，斯坦福大学的一款机器人赢得了美国国防部高级研究计划局的"挑战赛"，它在一条未经预演的沙漠小道上自动行驶了 131 英里。2 年后，卡内基梅隆大学的一个团队获得美国国防高级研究计划局举办的城市挑战赛开赛以来的最好成绩。互联网的突破性发展，给人工智能也带来了复苏机遇，20 世纪末，人工智能再度发展。

（二）催生因素

1. 互联网技术的出现与发展

随着技术的发展，20 世纪 70 年代，第一条阿帕网络（ARPA-NET）通信电缆建成，并成功地连接起了加利福尼亚大学洛杉矶分校、犹他大学、BBN 公司、麻省理工学院、美国兰德公司、哈佛大学等 15 个节点。20 世纪 80 年代中期，美国国家科学基金会（NSF-NeT）设置了多个超级计算中心，为使用者提供了一定的数据处理能力和计算方法，使各个大学掀起了与互联网连接的热潮。1991年，NSFNeT 网络的速度更新为 4473.6 万个基点，有多个国家（或地区）取得接入 NSFNeT 的资格。

2. 计算机速度和容量的提升

人工智能快速发展主要得益于传统工程技术应用比较烦琐，以及计算机速度和容量在 20 世纪 90 年代的巨大增长。事实上，美国 IBM 公司制造的一台名为"蓝色基因"的新型计算机，它的整个计算机系统可以在 1 秒内完成 1000 万次以上的运算，计算能力是深蓝计算机的 1000 倍，这一戏剧性的增长可以用摩尔定律来衡量。摩尔定律预测，由于金属氧化物半导体晶体管的数量每 2 年翻一番，计算机的运算速度和存储容量也会每 2 年翻一番。"原始计算机"能力不足的问题正在慢慢被克服。

3. 现代智能代理范式的形成

20 世纪 90 年代，大众逐渐开始接受人工智能代理，虽然在很早以前已经有人提出了对人工智能进行分区模块化处理的"分而治之"方法，但直到朱迪亚·珀尔（Judea Pearl）、艾伦·纽维尔（Allen Newell）等将决策理论和经济学概念引入人工智能领域，现代智能代理范式才逐渐形成。经济学家将理性主体与计算机科学对象或模块相结合完成了智能主体范式的定义。智能主体是一个能够感知其环境并采取行动，使成功机会最大化的系统。根据这个定义，解决特定问题的简单程序是"智能代理"，人类和人类的组织也是如此，人工智能已成为一门更严格的"科学"学科。

第四节 本章小结

随着物联网、云计算等技术的快速崛起，以及机器学习算法的突破性发展，人工智能已经成为当今最热门的科研领域之一，并被誉为人类的最后一个发明，将给世界带来颠覆性的变化，同时激发各行各业无限的创新力量。本章梳理了人工智能的基本理论体系、演进阶段以及面临的挑战，呈现了几代科研人员对人工智能的推动和贡献。

人工智能到底有什么特别之处，能给人类的未来带来如此大的影响？本书梳理了人工智能的三大能力。第一，处理模糊信息的能力和协作能力。人工智能采用编程技术和算法，基于事前结果的试错过程，拥有处理复杂问题的能力，而且计算机会根据收集来的信息预测各种可能的动作，预测实施哪种动作效果最好。第二，学习能力和处理非线性能力。编程程序能够根据所获得的结果修改表现的内容，展现一种简单的学习能力。例如，模拟消费者购物行为的程序：程序通过随机的方式不断在不同的商店中寻找所需要的商品，当找到所需商品时，再将商品所在的商店位置存储在其内存中；当需要同样的商品时，程序会直接进入相应的商店，而不用再进行搜索。这在很大程度上提高了搜索效率，并提升了搜索用户的体验效果。第三，赋能商业升级的能力。人工智能的应用将是无所不在的，基于机器学习的数据分析和决策能为各个行业带来全新的效率和新商机。人工智能不仅改变了传统的商业逻辑，而且会改变市场运营方式。

第二章　人工智能与市场营销

人工智能、大数据与营销的结合触发了市场营销发展的一次新浪潮。人工智能应用于市场营销领域，实现了智能营销，改变了传统的营销方式，不仅更好地体现了价值营销的内涵，而且实现了营销企业与消费者之间的交互，为消费者提供了精准化服务。本章将以企业管理和消费者行为为切入点，分析人工智能背景下4P营销策略组合的创新发展，以及企业与消费者之间的双向互动机制的形成对企业实现精准化、个性化的市场营销的正面影响。

第一节　人工智能与营销策略的制定

人工智能影响企业运营中的营销策略，从理性经济人角度，应考虑将技术和商业结合，以便实现自身利益最大化。因此，如何让人工智能在营销中创造更多的价值，成为当前营销人员面临的首要问题。

一 营销策略的转变

（一）4P、4C营销策略的转变

4P营销组合是美国哈佛大学教授麦卡锡以满足市场需求为目标提出的，即产品、价格、渠道、促销。随着企业与消费者的角色逐渐发生变化，在以用户需求为导向的市场环境中，把握用户需求才是硬道理，出现了4P到4C营销策略的转变（见图2-1）。4C营销组合则是罗伯特·劳朋特教授以追求顾客满意为目标提出的，即顾客、成本、便利、沟通。

从产品角度，企业要想让用户购买自己的产品和服务，就要从用户的基本需求出发，不断优化和完善产品体系；从价格角度，根据不同目标用户群体的需求，企业生产出不同价格的同类产品，能有效地减少用户的流失率；从渠道角度，企业根据不同行业、不同产品类别来选择适合自己的营销渠道，能大大提高用户的转换率；从促销角度，企业通过促销迎合消费者心理，能提高交易的转化率。随着时代的发展，传统的4P营销理论需要不断创新才能满足用户日益增长的需求，于是，4C营销理论应运而生。

（二）智能营销策略的出现

智能营销是通过人的创造性、创新力以及创意智慧将先进的移动互联网、物联网等科学技术融合应用于当代品牌营销领域的新思维、新理念、新方法和新工具的创新营销新概念。智能营销主要有三个特征。第一，讲究知与行的和谐统一，人脑与电脑、

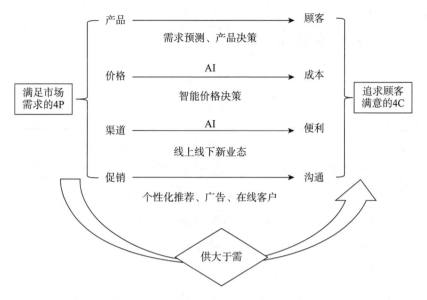

图 2 - 1 市场营销组合理论的转变发展

创意与技术、企业文化与企业商业、感性与理性相结合。第二，智能营销是以人为中心、网络技术为基础、营销为目的、创意创新为核心、内容为依托的消费者个性化营销。第三，实现品牌与实效的完美结合。将体验、场景、感知、美学等消费者主观认知建立在文化传承、科技迭代、商业利益等企业生态文明之上，最终实现虚拟与现实的数字化商业创新、精准化营销传播和高效化市场交易。

二 人工智能对企业营销策略的影响

（一）产品与人工智能

1. 基于人工智能的产品策略

产品决策包括产品中心型和消费者中心型。产品中心型为传统产品决策，其传导机制（见图2-2）主要是单向传导，整个过程是企业单方面地向消费者营销，此类产品营销的盈利关键点在于产品的改善，如通过降低生产成本、提高产品质量来扩大市场占有份额。消费者中心型为典型的人工智能背景下的产品决策，其传导机制以消费者为中心和出发点，基于消费者需求偏好、消费者总成本分析，通过人工智能平台实现企业与消费者之间的双向互动以及人机交互。

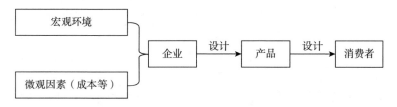

图2-2 传统产品决策的传导机制

2. 基于人工智能的品牌策略

企业通过对现有产品的特点以及市场定位进行分析，将目光投向目标消费群，洞察他们的差异化需求，并且针对品牌竞争者的产品进行分析，从而为自己的产品打造与众不同的品牌形象，突出品牌特色，确立品牌定位，最后通过广告等促销媒介将产品以及产品价值传递给消费者。

同时，人工智能可以通过收集和分析消费者个性化需求以及品牌竞争者的相关信息推进本企业更好地进行品牌决策。针对消费者行为的营销法则AISAS模型，结合消费者购买行为刺激-反应模式（见图2-3），认为消费者做出购买决策会经历引起注意、激发兴趣、唤起欲望、留下记忆、购买行动这五个阶段。在智能营销时代，AISAS模型更具有实际意义。

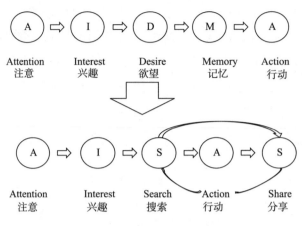

图 2 - 3　消费者行为分析模型

(二) 渠道与人工智能

1. 基于人工智能的线下渠道升级

将人工智能技术注入分销渠道，缩短了企业渠道的长度，降低了中间商的管理成本，能够让企业更加熟悉市场，迅速周转，控制价格。线下渠道智能化升级是大势所趋，主要包括产成品的自动销售渠道的转变和在产品现场制作销售渠道的转变。

产成品的自动销售渠道发生了转变，比如宿舍、地铁口、车站等的自动贩卖机的刷脸支付、信用埋单等。产品现场制作销售渠道也发生了转变，比如美国一家名叫 Café X 的咖啡店用机械手臂代替人工调制咖啡，从点单到制作都是由机器人来完成。Café X 机器人咖啡师具备并超过了人类咖啡师的能力，可以专注于提供高质量的客户服务，更好地为顾客提供个性化的服务和产品。这种全自动智能化的渠道销售模式可能是未来销售渠道转变的主流方向。

2. 基于人工智能的线上渠道产生

人工智能不仅促进了线下渠道的更新升级，还促成了新零售业态的产生和发展（冉隆楠，2019）。线上服务、线下体验以及现代化物流的深度融合，有别于传统零售模式依靠人流量和个体的经验自营，能够为消费者营造更好的消费体验。阿里巴巴推出的盒马鲜生，就是阿里巴巴布局零售业的一个新形式，即线上线下智能新渠道产生后，利用大数据收集顾客信息、消费习惯等，洞察并深入了解消费者的需求，以为消费者提供最好的服务为目标，精确定位目标消费者，精准聚焦目标消费者的需求场景，加快由以产品为中心向以消费者为中心的模式转变。

3. 基于人工智能的智能新渠道

国外学者提出借助人工智能，以使在线零售商预测客户需求的方式进行供货预测，实现业务模式的转变（Elena，2017）。假设利用人工智能进行数据分析能使预测结果有较高的准确性与真实性，那么零售商可能会逐步过渡到先运输再购物的业务模式。也就是说，零售商将使用人工智能识别顾客的喜好，并在没有正式订单的情况下将商品运送达顾客，顾客则可以选择退还不需要的东西。

（三）价格与人工智能

1. 智能定价的作用

人工智能定价极大地改变了保险市场上道德风险的困境。许多保险公司逐渐推崇多维度智能定价模式，极大地减少了投保人故意隐瞒信息而导致保险公司利益受损的问题。利用人工智能技术测定和分析投保人的风险，可以进行差别定价，从而极大地改变信息不对称的困境。比如，在传统的二手车市场上，常常会因为交易双方的信息不对称，出现劣车驱逐好车的现象，从而导致市场失灵、资源配置扭曲。传统的二手车行业定价依靠的是验车师的个人经验，包括运用重置成本法、现行市价法、收益现值法等（杨波，2017），这些方法都具有主观性和片面性。优信人工智能定价系统由建立在数据基础上的曲线回归分析（车辆残值预测系统）和人工智能定价两部分构成，其具体步骤包括残值约束、车况全析、最优匹配和价格校准（见图2-4）。

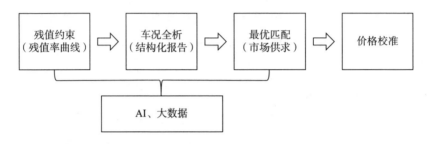

图2-4　优信人工智能定价模型

资料来源：根据优信公司人工智能定价模型自制。

2. 智能定价系统案例剖析

首先，智能定价系统会提取出目标车辆的所有历史成交数据，对这些数据进行筛选，分析其价格走势，寻找到车辆在市场上的平均零售价和收购价，得出一个价格区间作为最终定价的约束区间。其次，分析不同品牌、不同车型、不同程度的损伤的修复成本以及对残值带来的影响。再次，通过大数据给目标车辆匹配一台车作为参考，这台车是最近成交的，与目标车辆各方面数据相似。最后，根据车辆差异（品牌、车型）、车况差异、市场环境这三个方面因素综合考量，对之前的价格进行校准，最终确定双方都接受的交易价格。

（四）广告与人工智能

1. 智能广告的作用

"人工智能+广告"的创意广告模式，并没有改变广告媒介本身，其特色在于技术层面的创新，特点是改进消费者的用户体验，更好地打造人机交互这一特色（谭彩霞，2020）。一方面，运用人工智能数据平台收集消费者信息，提炼消费者情感、偏好等多方面诉求，对消费者进行精准价值营销，以引起消费者情感共鸣，激发消费者购买欲望。另一方面，运用人工智能技术对广告的宣传形式进行创新，如科大讯飞利用人工智能打造的人工智能李佳琦，以创意形式将广告与消费者意见领袖等其他影响消费者购买行为的群体结合起来，吸引消费者，激起消费者兴趣，从而促进消费者做出购买决策，实现广告宣传的目标。

2. 智能广告运行模式案例剖析

以科大讯飞人工智能广告 ODEON 数据平台为例进行分析（见图 2 - 5）。广告主要投广告的时候，一般是先找 DSP（Demand-Side Platform），然后通过讯飞的广告交易平台找到媒体，实现对消费者的宣传。讯飞集团利用本企业强大的人工智能技术，完成对目标消费者群体信息的收集与分析，精准刻画出目标受众的需求偏好等，让广告主能够全方位地洞察消费者，抓住消费者个性特征与形象，实现精准化的广告宣传投放，从而有效地宣传企业产品。

同时，讯飞利用领先的人工智能技术，为广告主定制大数据广告交易平台、人工智能决策系统和人工智能投放系统，提供流量交易服务和广告监测服务，帮助广告主建立自己的智能营销系统，形成"人工智能＋广告"的促销网络系统模式，利用人工智能精准算法分析消费者相关的数据、语言、画像等信息，从而实现企业的智能营销，完成企业的价值营销。

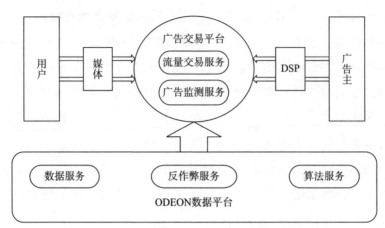

图 2 – 5 科大讯飞的人工智能广告 ODEON 数据平台

资料来源：科大讯飞 ODEON 数据平台。

第二节 人工智能与顾客行为的分析

一 顾客管理理论的转变

（一）顾客管理理论的演进

顾客管理理论经历了顾客交易、关系营销、顾客融入三个阶段。顾客一直是企业竞争优势的关键资源，20 世纪 90 年代之前，市场营销更多地关注交易对公司盈利能力的影响。随着时间的推移和企业目标的转变，以交易为基础的观点演变为关系营销。与顾客建立积极的关系，并通过提供优质的产品和服务，提升顾客满意度和维持忠诚度，成为企业的核心目标和盈利来源。但是，随着竞争的加剧，顾客的选择更加多样化，企业不能仅满足于赢得消费者的忠诚度和满意度，还需要利用一切可能的方式吸引潜在消费者，形成差异化和可持续的竞争优势。因此，顾客融入（Customer Engage-ment）这一概念在学术界和业界开始兴起。

（二）顾客融入管理

Brodie 和 Hollebeck（2011）指出，顾客融入是一种在特定背景下发生的心理状态。Kumar（2010）将顾客融入定义为顾客通过直接或间接的方式为企业增加价值的机制，其中，直接方式包括顾客购买，而间接方式包括顾客的个性化推荐、评价、反馈或建议等。同时，Kumar（2010）将顾客融入区别于顾客卷入、顾客体验、顾客承诺等概念，并阐述了这些概念与顾客融入的关系。例如，顾客卷入（Customer Involoment）发生在消费者购买之前，通过激励顾客搜索信息管理决策过程，从而降低消费者购买风险。

二 人工智能对顾客行为的影响

（一）消费者行为预测分析

1. 消费者行为预测的模式

消费者行为预测的模式即人工智能利用程序算法，结合公司已有的历史数据，对复杂问题进行预测。人工智能应用程序主要通过深度学习、神经网络等语音和图像识别功能，进行数据挖掘，对客户偏好进行预测，从而为企业确定顾客购买意愿。人工智能通过建立包括客户特征、客户购买动机等的消费模型，刻画出客户特征并预测客户现在以及未来的购买动机和能力，通过无监督学习实现对客户的分类，以细分市场，可以使企业更加精准地向市场投放产品。

2. 消费者行为预测的应用

亚马逊作为全美最大的网络电子商务公司，通过人工智能零售预测方法成功地占领了零售市场的较大份额。由图 2 - 6 可得知，亚马逊的零售市场份额不仅大且增长速度快，其中 2019 年的销售额就高达 2299.6 亿美元。亚马逊通过将大数据与人工智能结合，基于现有的消费者特征以及消费数据，提前预测客户对不同产品的购买动机和能力，从而较为精确地确定不同产品的需求，以确保产品的精准投放或者精准储存。

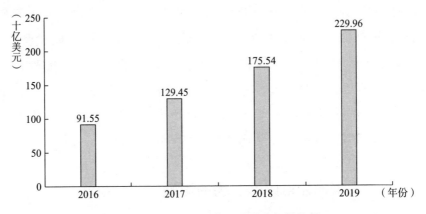

图 2 - 6　2016～2019 年亚马逊市场销售额

（二）消费者决策行为分析

1. 视觉分析技术

人工智能技术可以对消费者的决策行为进行分析，对客户进行分类管理，以便建立一种更加紧密的客户关系，优化资源配置，为企业和客户创造更大的价值。如酒店利用视觉分析系统和人工智能了解在线预订酒店的消费者决策行为，在数字经济快速发展的时代，出行订票、订酒店，几乎只需要一部手机、一款手机软件就能搞定，线上预订搭配线下服务这种模式已经被人们广泛地接受和应用。当人们通过线上进行预订时，直观了解一家酒店情况的主要方式就是图像，因此酒店图像就成了实现营销的重要工具，其对于企业在社交媒体平台上建立品牌知名度或促进销售都意义重大。

2. 自动评分技术

一家大型的全球在线旅行社使用人工智能自动执行评分预测模型，通过点击率对酒店图像进行评分，然后运用算法自动选择潜力最大的图像，并据此通过建模来了解图像在消费者决策中的作用以及图像在哪些方面推动了在线互动，达到提高点击率的目的。事实证明，这种自动化流程还大大节省了营销经理的管理时间。其建模过程可分为四个阶段：首先，数据准备，数据是模型中的关键和基础；其次，利用已经搜集的历史数据进行建模，基于历史数据来了解是什么驱动了酒店预订搜索结果之后的点击；再次，使用历史数据训练已经建立的模型，以识别最有潜力的图像；最后，使用经过训练的模型对新传入的图像进行评分预测（见图2－7）。

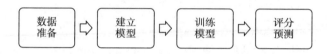

图2－7 人工智能自动执行评分预测模型

3. 用户分类技术

在当今互联网快速发展的时代，优先考虑社交媒体上的客户服务已经成为企业直接与消费者互动的重要方式，并且在客户服务中发挥着越来越重要的作用（汪菲，2019）。用户分类技术通过搜集用户数据，对数据进行格式化处理，利用人工智能根据用户感兴趣的功能对用户进行分类，并标记为适当的类别，例如客户的位置、生命周期价值等，然后进行建模，经过训练测试后，将模型集成到客户服务系统。在运行时，该工具就可以根据潜在类别向客户服务人员显示分配的用户列表，确定优先服务的顺序，既可以提高营销人员的工作效率，又可以实现资源的有效配置，为企业和客户创造更大的价值。

第三节 人工智能对营销管理的影响

事物的发展都具有两面性，人工智能对市场的影响越来越大，其与互联网之间的联系也愈加紧密，连接到互联网的设备使接收和发送数据变得容易，这也就出现了营销的信息安全、渠道整合不协调、价格制定不规范等问题。

一 营销信息安全问题

（一）公平性失衡导致信息失真

公平性失衡将导致信息失真。感知的不公平被定义为"弱势价格不平等"的结果。亚当斯等（Adams and Berkowitz，1965）提出了公平理论，其认为人们不仅关心自己的绝对报酬，而且关心自己和他人在工作和报酬上的相对关系；员工倾向于将自己的产出与投入的比率与他人的产出与投入的比率进行比较，并进行公平判断。此外，多数关于价格公平的研究表明，公平的判断本质上是比较性的（Folger and Konovsky，1989）。这种侵入性人工智能式的产品营销，很大程度上会引起消费者的抵制，很多消费者只能通过网络获取产品信息，会引起产品信息获取的不平衡，导致信息失真。

（二）技术依赖性增加信息泄露风险

对技术的依赖将增加信息泄露风险。顾客很难通过人工智能互联网感知产品功能与实用性。不止营销部门的员工会对人工智能产生依赖性，消费者也会对其产生技术依赖性，人工智能会根据消费者的喜好给消费者推送其喜爱的产品，但是时间久了消费者也会产生审美疲劳。人工智能的激增增加了与试图保持数据私密性相关的风险，增加了隐私泄露的风险。通过射频识别，或是软件外的语音识别向顾客推送产品，会侵犯顾客的隐私权，频率过高的推送甚至会引起顾客的反感。

二　营销渠道整合问题

（一）渠道整合不完全

"人工智能＋市场营销"存在渠道整合不完全的问题。优化一个渠道的性能通常不是最佳选择，因为客户更喜欢选择自己的渠道组合，希望在渠道之间切换，并希望在整个过程中获得一致、无缝和可靠的服务（Sousa，2016）。随着全渠道战略受到越来越多企业的关注，这些企业也将紧跟数字交互的新潮流，采用线上营销和线下营销相结合的方式。近年来，全渠道背景已经成为市场主导情况。而研究人员通常只从其知识领域的角度研究集成产品流程管理、渠道和客户管理的各个方面（Nguyen et al.，2018）。所以，无论是在实践中还是在学术研究中，这种整合方法仍处于不成熟阶段。

（二）渠道流程不协调

"人工智能＋市场营销"存在渠道流程设计不协调的问题。在全渠道商业环境中竞争，企业必须跨渠道、跨客户和产品流程的不同阶段协调其活动，这要求企业采取一种综合的方法，将人工智能与市场营销相结合，从需求方（营销）和供应方（运营）的双重角度来制定全渠道决策。要在全渠道市场中取得成功，需要从整合营销运营的角度来制定导致客户和产品流之间相互依赖的关键决策

（Rooderkerk and Kk，2019）。虽然人工智能能渗透到多个渠道进行复制营销，但其缺乏自主见解能力，不能快速准确地回答复杂的问题，只能自行处理简单的查询，不能精确地测量顾客的情绪，无法与顾客建立良好的关系，所以，这种流程设计仍存在不协调的问题。

三 营销价格制定问题

（一）个性化定价的影响

消费者的自救即当消费者认为个性化价格极不公平时，利用自助补救办法来避免一级价格歧视所造成的损失（李红燕，2014）。基本上，他们至少能够使用两种不同的策略。一是消费者可能试图隐瞒个人数据，在企业面前实现匿名。二是消费者可能会使用复杂的技术工具或服务来增强他们的议价能力，并改善他们的决策过程——成为"算法消费者"，或者稍微不那么精打细算的"增强消费者"。人们已经注意到，企业和消费者之间争夺租金或防止这种争夺的"军备竞赛"在分配冲突中造成了囚徒困境——无谓（效率）损失是在追求最大份额的可用剩余时产生的。与此同时，最精明的消费者将主要使用复杂的自助服务，而这会对其他人产生负面影响，导致严重的公平问题。

（二）价格歧视的影响

假设把生产者和消费者的总剩余作为衡量标准，从质量上评估一级价格歧视对生产者和消费者的影响（孙绍泽，2019），通过分析可知企业是受益者，一些消费者也一样，而其他消费者的情况可能比以前更糟。但这不是最后的结果，我们需要考虑后续影响。一是企业提供给消费者的预定价格，可能会超过他们的目标定价，这对消费者来说是无利可图的交易，消费者可能会因为担心自己的隐私泄露而拒绝购买。二是企业的寻租投资和消费者的防御措施造成了无谓的福利损失。三是消费者作为一个群体，会由于一级价格歧视受损害。

第四节　本章小节

人工智能在市场营销方向的应用具有极大的前景和收益。虽然目前有大数据技术引起了价格歧视、控制偏好、采用阻碍，以及消费者无法完全信任人工智能产品等问题，但是其中一些问题还是有解决方法的。现如今，5G 时代已经来临，意味着人工智能的发展又多了一项技术支持，一个助推力。同时，新型基础设施建设方案的提出，也为人工智能的发展提供了政策支持。总之，在新发展埋念的引领和技术创新的驱动下，人工智能技术不仅将更好地落地于市场营销领域，在产品生产、定价策略、销售渠道、广告策略以及消费者行为预测等方面提供技术支撑，还会落地到人类生产生活的各个领域，全面推动经济、社会生活更高质量的发展，创造更大的价值。

第三章 人工智能与人力资源

　　如历史上三次重大的技术革命一般，人工智能技术的变革可能会改变社会技术形态，促进社会转型。人们工作中的劳动力活动和低水准的重复性较高的工作将渐渐被智能机器所取代，而技能型、智慧型、创造型的工作将成为市场岗位的新方向，社会就业和人才将进行重新分配，新一轮的繁荣则随之到来。人工智能将为资源更加有效的分配提供帮助。人力资源管理的核心是价值链管理，这条价值链上有三个主要环节，第一个环节是"价值创造"，第二个环节是"价值评价"，第三个环节是"价值分配"。本章中，我们基于价值链管理视角，探索人工智能与人力资源之间的影响和应用。

第一节 人工智能与价值创造管理

　　价值创造强调的是创造要素的吸纳与开发，它要求人们确定这样一种理念：知识创新者、企业家和员工是企业价值的创造者，而其中的主导要素是知识创新者和企业家，尽管他们的人数占企业总人数的近 20%，但他们创造了企业 80% 以上的价值。因此，企业一定要注重吸纳一流人才，同时也要注重通过开发提升员工的价值。

一　管理者的价值性转变

（一）基于人工智能的工作内容转变

随着人工智能发展步伐的不断加快，人力资源管理的许多工作都将被人工智能替代。对于人力资源部门的管理者而言，人工智能思维可以作为判断的补充，人力资源管理者可以进行更多综合性的决策，并使其工作内容由低价值重复性的工作变成高价值的工作（Agrawal et al. , 2018），如组织策略、判断、感情投入和创新变革等。人工智能技术还可以帮助人力资源管理从业者更好地进行复杂问题的决策。人工智能可以套用既定的模拟情景来解决复杂问题，给出的结果更加精准，能够为决策提供非常重要的支持。利用人工智能来进行复杂问题的决策，也有利于决策的高效化、科学化。

（二）基于人工智能的能力素质转变

随着人工智能技术的发展，一个成功的管理者所需的能力素质也将发生改变。人工智能虽具有理性的思维，可以通过数据趋势对案例和事件进行越来越精确的预判和分析，但是在原始创新和人际交往方面，人工智能仍然存在盲区，而这也是管理者不能被人工智能完全取代的价值所在（Deming, 2017）。过去或许一个管理者需要花更多时间去支配员工，但是现在他们可以做出更多的决策和沟通交流。管理者会慢慢在重复性、习惯性的工作被取代的过程中发展自身的创新思维、公司决策和人际交往的能力，而不是被组织管理过程中的协调管控所支配。在一项关于成功管理者所具备的技能的调查中，排名前三项的分别是数字/技术、创造性思维/试验、数据分析与解释（见图 3-1）。

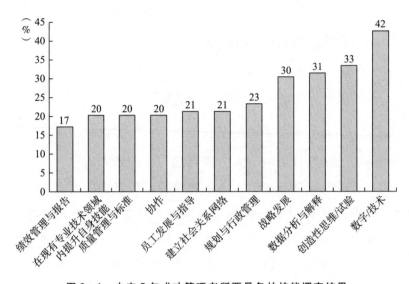

图 3-1 未来 5 年成功管理者所要具备的技能调查结果

二 人才的创造性吸纳

(一) 匹配招聘信息

现代社会越来越要求提高招聘的效率，而人工智能可以通过大数据分析把人才简历信息和企业自身的要求相结合，更快和更准确地筛选出适合的求职者，这无疑会缩短企业的招聘时间，能够更快招聘到人才，也可以减少猎头公司挖掘人才的费用和投入，让人才更好地上岗就业。在企业的招聘中，还可以通过人工智能精准分析人力资源管理中的招聘渠道，在有效的平台上发放相应的招聘广告，更加高效地招聘到适合的工作人员。

人工智能已经深入广告的各个流程，在招聘环节运用智能广告技术，使得在线职位招聘信息更具有针对性和有效性。检索和匹配技术直接辅助管理者根据信息筛选出合适的人才，并且可以有效避免招聘过程中招聘偏见和偏袒现象的发生。从本质上讲，在招聘环节利用智能广告技术可以使管理者根据用户的在线浏览历史和在线活动，在正确的时间针对合适的人才投放相应的招聘信息（见图3-2）。

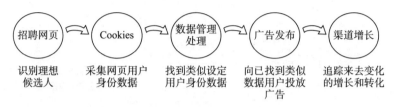

图 3-2　招聘环节智能广告技术的运用

（二）建立职业数据库

传统的在线招聘模式就是通过简单的信息收集，把雇主提供的要求和求职者提供的基本信息进行匹配，并不能完全实现信息相互良好的对接。人工智能应用程序可以建立庞大的数据库，将潜在就业者的个人档案收集起来进行数据化分析和分类，形成规范的职业信息系统。将企业详细的招聘要求，与数据库进行对接选择，智能匹配到相对应的合适岗位（Nalchigar and Yu，2018）。作为一个决策支持系统，它可以减少匹配的错误，与信誉系统模型相结合，进行群体分析，使辅助系统平台更加完善，更好地完成匹配就业。

（三）虚拟场景招聘

在招聘过程中可以应用 AR 技术构建与岗位能力需求相匹配的虚拟场景，来考验应聘者对现实场景的应变和解决能力，并且可以针对不同的岗位设计不同的虚拟场景。人工智能通过收集现场面试招聘环节中面试者的肢体动作、面部表情等身体语言以及在虚拟情境中解决问题的方式等数据，结合笔试结果整合为面试者个人的综合数据，将面试者的综合数据输入人工智能算法程序，对面试者的行为数据进行分析得到相关能力、性格数据，再根据这些信息确定岗位推荐与判断结果，为面试者确定适合的工作岗位和工作机会（见图 3-3）。

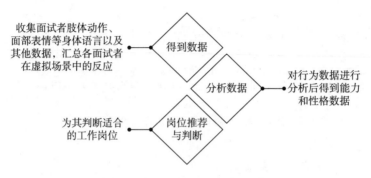

收集面试者肢体动作、面部表情等身体语言以及其他数据，汇总各面试者在虚拟场景中的反应

得到数据

分析数据

对行为数据进行分析后得到能力和性格数据

为其判断适合的工作岗位

岗位推荐与判断

图 3-3 招聘环节 AR 技术的运用

第二节 人工智能与价值评价管理

新技术的产生往往会伴随着知识的积累和新的职业的产生，虽然会打击到那些没有跟上技术革命的旧产业，但是在技术爆发过程中，会带给新兴产业更多的机会，为新一代技术青年提供创业契机。人力资源价值链管理的第二个环节是"价值评价"，强调的是要建立科学的价值评价考核体系，这一体系包括个性特质评价和职业行为能力评价考核。

一 人工智能对个性特质评价的影响

（一）人工智能系统保障考评合理化

传统的绩效考核方法主要包括科室四级评估法、员工绩效评估法以及平衡计分卡项目评价。虽然这样的方法本身带有一定的主观性，但是在与人工智能结合后，绩效考核方法获得了更大的进步空间。人工智能能帮助企业管理者对员工进行绩效分析和考评，掌握与分析员工的全面综合素质，从而精细地分配任务和分解责任。

1968 年，图灵奖获得者理查德·卫斯里·汉明（Richard Wesley Hamming）认为计算的目的不在于数据，而在于洞察人和事物。将员工的个人数据、考核标准通过一定的数据模型进行计算，包括评价员工个人的性格，是否可以得到提升，同时也可以依据评价结果决定是否提升员工的职位，或者是否进行外部的员工招聘，从而使企业整个的绩效评价系统更为合理和公正。

（二）人工智能技术催生就业机会

创业机会和就业岗位的关系变化在人工智能的发展过程中，会出现三种情况的变动。首先，催生新工作岗位，因为人工智能的发展本身就需要一定的技术型人才，对于技术型人才的渴求，无疑会增加对技术性岗位的需求。其次，人工智能会替代一些简单的体力劳动岗位。最后，人工智能会逐渐填补劳动者无法胜任的复杂岗位。在上述三种关系中，人工智能在不同程度上实现了对常规工作岗位的替代，又会产生新的工作岗位或对非常规工作进行补充，在不断磨合的过程中实现了岗位的相对平衡。

（三）人工智能引发就业极化现象

人工智能对于不同的岗位替代程度是不同的，从事生产、运输设备操作人员及商业和服务人员较容易被人工智能取代，而专业技术人员被替代性不强（见图 3 - 4）。在这样的人工智能替代的过程中，往往会出现就业极化现象，即对低收入和高收入岗位的需求不断增加。因为在对中等技能劳动力的岗位进行替代时所产生的收益较高且技术替代更有可行性，而且人工智能对中等技能的岗位进行替代时，对中等收入的岗位产生挤压，使其向高收入和低收入岗位转移，进一步促使就业极化。但是在不久的将来，随着人工智能技术的成熟并普遍应用，低技能的劳动力将更多地被替代，但是对高技能职位的影响会较小。

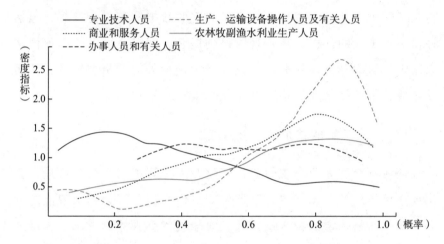

图 3 - 4　按职业种类划分各职业被人工智能替代的概率分布的核密度
资料来源：Frey and Osbornema（2017）。

二　人工智能对职业行为能力评价的影响

（一）人工智能虚拟场景技术助力任职培训

在以往的任职培训中，大多都是分职位、分批次进行训练，或者根据工作岗位为每一层次岗位的人设置指导人员进行答疑指导和辅助培训。这种方法往往不具有针对性，具体的技能技术和抽象的结构往往不能通过讲授的方式被员工所吸收并转化为工作能力。人工智能本身拥有较大的数据信息优势，能够整合信息，同时也可以提供更为丰富的培训资料。人工智能辅助系统可以为企业制定合理的、科学的培训方案，为员工传授专业知识。

人工智能通过算法模拟来模拟企业日常运营中可能出现的场景，可以更有效地培养员工的随机应对能力和实践能力，促使培训内容更加有针对性，把理论知识转化为实践，从而丰富员工的实践经验。人工智能虚拟现实技术可以给员工提供一种交互式和沉浸式的培训，不仅能够让员工的个人能力得到提高，为企业输送更多的人才，而且也可以更好地确定培训内容，提高工作效率，节约培训的成本和时间。当把人工智能引进人力资源系统时，可以将现实体验存储起来，供每位员工调用分析，这种方法更具有灵活性和可操控性，从长远来讲成本较低（见图3-5）。

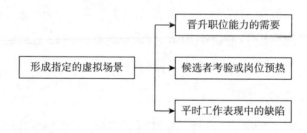

图3-5 员工培训环节人工智能技术的运用

（二）人工智能算法为企业制定长期人才规划提供帮助

1. 智能算法助力科学规划员工岗位

人力资源管理者虽然拥有丰富的经验，可以结合员工的主客观信息进行岗位的分配，但人对于数据的分析处理能力、掌控力度、规划和预测的准确度等都很有限，这在一定程度上会造成人力资源分配的不足或者误差。人工智能能够更好地进行数据分配和分析，帮助企业更好地做好人力资源规划。人工智能能够对员工信息进行分析，在员工进入企业后，经过系统的培训把员工信息输入数据库中，再通过算法，把员工分配到合适的岗位。这样的分配更为科学，可以最好地挖掘员工的潜能，不会造成资源浪费，同时也能为员工提供更多的晋升和发展机会，减轻人力资源部门的工作压力。

2. 利用算法提示人才长期规划漏洞

当人才在企业未预想到的情况下流失时，企业需要花费较大的搜寻成本才能找到可替代性人才，这将给企业带来一定的损失。而人工智能可以对员工的工作行为进行深度分析，提前预估人员流失的可能性。因此，人工智能等技术手段在某种程度上可以为企业管理者提供员工离职的预警信息，以便管理人员可以做出更好的决策，提前应对。算法可以定义为为解决一个特定问题而采取的一系列特定的、有限的步骤。如果人力资源部门能够提前掌握员工的离职信息，可以提前进行干预，或者根据算法提示的信息分析促使员工做出决策的原因和可以吸引人才的关键点，进行适当的挽留，提供相应的福利，以最大限度地降低员工的流动率，减少公司损失。

第三节　人工智能与价值分配管理

"价值分配"的内容不仅包括工资、奖金、红利、股权，还包括职权、信息、机会、学习等，其中最重要的是企业薪酬体系的设计。首先，企业一般会根据人力资源市场的薪酬水平和所处的发展阶段确定总体工资水平。其次，要通过职位评估，确定企业内部各个职位的相对价值，从而确定其工资的等级标准。

一　人工智能对薪酬设计的影响

（一）薪酬制度的标准化

传统的薪酬制度往往是通过调查、收集和整合员工的信息，综合行业的薪酬水平，制定较为合理满意的薪酬福利制度。这样的薪酬福利制度本身更具综合性、科学性、有效性和吸引力，适用于大部分企业。但是，对一些特殊岗位来说，这种制度往往不适用，因为不能在招聘过程中直接通过笔试或者面试客观地判断应聘能力素养，缺乏标准模式进行对照，因此很难制定合适的薪酬体系。引入人工智能可以帮助企业进行综合性智能分析，检索数据库进行参数比较，从而制定更合适的薪酬制度。

（二）薪酬制度的人性化

薪酬制度的设立关乎企业员工的向心力和企业的发展，受职员和管理者双重关注，薪酬的制定重之又重。可以引入人工智能系统，在入选员工填报信息时，通过智能问答的形式了解每个员工对薪酬、福利以及未来发展的需求，了解他们的偏好，企业管理者可以结合每位员工的特点制定员工关怀规划，更好地提高员工的向心力，为建设企业文化打下坚实基础。

（三）薪酬制度的合理化

人工智能系统可以根据自己所收集的各类人在职业道路上的选择，根据每位员工的阐述来为每位员工制订一套适合他们职业发展道路的规划。利用人工智能技术可以制定出适合大多数人的薪酬制度。这种制度将使员工能够实现自我价值，工作更加积极。

二 人工智能对职工福利的影响

（一）结合精神激励

大数据和人工智能可以助力人力资源管理，既为员工提供多样化、个性化的薪酬福利，又能及时有效地满足员工的个性化需求。通过文本数据分析、情绪数据分析或者音频和视频数据分析，管理者能够了解员工的工作情绪和态度，同时还能够深层次地了解背后的真相。人工智能的深度学习能帮助管理者更深入地了解员工的期望与诉求，从而制定更合适的薪酬体系和福利体系，使福利激励内容更加多样化和个性化。

（二）实施差异化福利

在员工福利方面，企业可以基于广泛信息源，了解员工在物质、精神、生理、心理等方面的需求，从而改变千人一面的传统福利模式，针对不同员工实施差异化福利措施（徐宗本等，2014）。另外，企业人力资源管理团队可以通过人工智能为员工提供良好的心理健康服务福利。

第四节 人工智能对人力资源的挑战

人工智能对不同行业、不同群体的劳动就业带来了根本性的影响，既有积极正面的影响，也有负面影响。本节在综合国内外相关文献的基础上，分析人工智能对人力资源的负面影响，并提出一些相对而言切实可行的解决方案。

一　人工智能改变了就业市场的格局

（一）农业就业

1. 冲击农业务工人员就业

在人工智能技术迅速发展的背景下，农业早已经脱离需要大量人员进行机械操作的时代，逐渐向自动化和精约化的方向发展。人工智能的应用对农业务工人员的冲击无疑是巨大且明显的。因为农业的特点是进行大量重复性、程式化并且需要较多体力的工作，这些工作很容易被人工智能取代。与此同时，人工智能技术的应用对中高端农业人才的需求骤增，但目前很多人对农业的认识还停留在人工智能应用以前，对农业的重视程度偏低，专业的农业技术人才非常稀缺。农业入职门槛的提高可能会导致农业务工人员大量被取代以及相应的农业技术人才供不应求，从而出现大量就业人员能力与职位不匹配和大量岗位空缺并存的现象。

2. 农耕文明情怀逐渐消散

农业所代表的农耕文化，以及其所传达的人与土地进行自然原始的接触的情怀，随着人工智能技术的不断深入应用正逐渐被遗忘。农耕文明是中华民族安身立命的根本，也是中华民族对历史的一种寄托。但是随着智能农耕手段的不断应用，情感寄托逐渐变弱。

（二）工业就业

1. 纵向领域拓展带来的影响

在智能技术发展的初期阶段，智能设备技术的普及对就业的负面影响偏小，但随着人工智能的不断应用，其负面影响不断扩大。因为智能设备的采购、安装、护理等成本很高，通常来说，只有中大型企业才能够支付这一部分的费用，相比而言很多小工厂仍旧是采用大量雇用人力进行流水线生产的模式，可以吸纳一部分被人工智能技术应用取代的失业工业人员。但考虑到智能技术领域的不断拓展与完善，智能设备生产成本下降，以及国家持续的供给侧改革，以及实施的过剩产能淘汰政策等，传统的小工厂逐渐会被淘汰，工业行业就业将会面临更巨大的挑战。

2. 横向行业带来的替代浪费

从横向看，通过细分工业行业，我们不难发现人工智能技术的应用对工业中的高端技术行业就业具有促进作用，对计算机和通信设备制造业等高新技术行业的就业促进作用尤为明显。人工智能技术的应用将创造新的就业机会，新创建的工作包括两个部分：一是人工智能应用程序通过增加工作量而带来的劳动力需求的增长；二是人工智能领域需要新的工作人员，如算法开发、人工智能设计培训师、智能设备维护人员等。这种促进所带来的是相应高端技术人才的需求量增加，会给技术人才本就稀缺的人才市场带来新的挑战。人工智能技术对于工业行业中低端行业的就业具有很强的替代作用，这种替代效应在今后的发展中会远超智能技术在高端行业带来的就业促进效应，因此在人工智能技术发展初期，智能技术对就业造成的影响更多的是岗位替代效应，容易造成资源的浪费。

（三）服务业就业

1. 服务业就业冲击力度增强

随着人工智能的发展，服务业逐渐从线下为主转化为线下线上双向并行，人工智能技术的应用对于服务业线下线上的就业人员的冲击程度及力度也是不同的。服务业近年来就业形势较为稳定，并且成为吸纳就业人员的主力军。线下工作需要相关从业人员面对面与服务对象进行交流，并开展一系列服务工作，需要更多的情感投入，这一点目前的智能机器设备是难以做到的。

2. 对低技能人员就业的抑制作用明显

根据研究，服务行业的许多工人面临被计算机取代的风险，（Frey and Osbornema，2017）。服务业中的低技能人员就业会受到人工智能的冲击和抑制，在一定程度上反映为服务业内低技能人员的就业岗位会被人工智能所取代。这就需要有关部门和企业出台政策，采取有效的措施对低技能劳动者进行再就业培训等，帮助其掌握相应技术，应对市场对人才的新需求。

二　人工智能对人力资源管理的影响

（一）人工智能提高了人员招聘的门槛

人力资源管理可以分为人事行政管理、战略人力资源管理、人力资源专业职能管理和人力资源价值管理四个维度。不同维度的人力资源管理工作需要进行相应的信息整合，关注人与组织的配置关系，同时需要以信息化技术为基础来完善企业的组织结构。随着人工智能技术的广泛应用，传统人力资源管理的知识体系将会逐渐失去指导性优势，行业从业者需要具备全新的学科思维来进行资源调配，要具备更加熟练的计算机实际操作水平，掌握编程语言和深度思维学习等理论与技巧，这使人力资源管理的岗位门槛进一步提高，对行业从业者的知识体系与技能素养提出了更高的要求，某种程度上说提高了人员招聘的门槛。

（二）人工智能增加了员工培训的成本

一般来说，企业在人工智能的开发方面需要耗费巨额资金，如果企业在外部招聘员工，需要提供给有人工智能技术的人才较高的薪酬，因此大量招聘外部人员在薪酬以及就业培训方面的投入是较大的。比如，绝大多数的从业者称，他们最常用的组织、管理和分析数据的软件是 Excel，会用 Tableau 这类软件的并不常见。如果是企业内部员工，其去留也是个难题，现有员工如果不能满足新技术需求就需要进行培训，或者招聘新的员工，这也不可避免地会耗费时间与金钱。

（三）人工智能加剧了组织部门的冲突

一般来说，专业供应商只负责一项任务。对于雇主来说，会雇用在跟踪员工的绩效分数方面做得最好的供应商系统来跟踪员工的绩效分数，并雇用专业的供应商系统，以及用来自第三方的系统来跟踪薪酬和工资单数据等。因为这些系统来自不同的供应商，且通常基于不同的技术架构，所以它们很少兼容。例如，薪资部门不想把它的数据给人才招聘部门。这些冲突显然不是数据分析独有的，一个企业不可能完全由人工智能来操作，还是需要部门间的相互协调实现信息的交换。各部门都想为自己的部门谋利，而人工智能的引入很可能会侵犯其他部门的隐私。如果是人工智能通过数据交换来传达信息，数据交换的完整性就很容易引起部门间的不舒适。

第五节　本章小节

基于当前我国人力资源的发展现状以及人工智能的发展状况，企业在进行人力资源管理的过程中，应该结合人工智能要求重新制定人力资源管理工作流程，从而满足企业在人力资源方面的需求，科学合理地分配人力资源，强化人工智能在人力资源管理中的作用。在企业人力资源管理领域，人工智能与人力资源的结合在相关管理活动中发挥了积极作用，辅助人力资源管理者高效工作，使得企业朝着更加有效率和创造力的方向发展。基于人工智能给人力资源管理带来的挑战，有以下几方面的应对策略。

第一，政府层面。推进人工智能与企业伦理建设。人工智能可能引发信息安全问题而给企业和社会带来风险。只有建立完善的人工智能伦理规范，处理好机器与人的关系，才能更好地获得人工智能红利，让技术造福于人类。应加快人工智能伦理研究步伐，积极研究和制定全球人工智能伦理原则，及早识别禁区。因此，政府要出台相关政策推进人工智能和企业的伦理建设，保障人工智能技术应用的安全性。

第二，企业层面。提高人工智能对就业的吸纳效应。对于企业而言，应该积极搭建平台，加强对智能人才的引流，同时完善相关职业信息系统、绩效考评系统等的建设，助力企业实施长期人才规划。同时，随着大数据技术的发展，预估员工流失已经有了实现的可能。人工智能等技术手段可以为人力资源管理者提供有关离职员工的早期预警信息，以便管理人员可以做出应对之策，如对有离职倾向的智能人才，提出保留条件，降低人才流失率，保障对智能人才的吸纳效应。

第三，劳动者层面。随着人工智能发展的步伐不断加快，人力资源管理的许多工作可能会被人工智能替代，但是人工智能是不可能完全替代人的。人工智能时代，劳动者更要具备机器不可取代的核心竞争力。劳动者可以积极接受人工智能技能教育或参加相关培训，提高职业技能。劳动者更应该通晓未来智能发展方向，从劳动力市场角度，做好自己的职业规划，在越来越严峻的竞争中明确自身的核心竞争力，更好地实现自身的价值。

第四章　人工智能与财会管理

随着人工智能的发展，基础会计面临着巨大挑战。我国企业的财务管理现状是以日常的资金管理为主，而对投资、筹资等有所忽略。数字知识经济的发展以及技术的发展，使得会计与财务管理的环境发生了重大变化。人工智能和人相比较，成本更低、效率更高，并且出错率低、工作时间长，契合了企业管理者的需求。因此，人工智能逐渐被引入财会行业，人工智能不断融入会计与财务管理中，解决现阶段会计工作中存在的问题。本章具体阐述了人工智能带给财务管理带来的机遇，并提出了改进问题的途径。人工智能对会计财务管理来说是挑战，但更多的是机遇。通过对其的研究，可以为会计财务管理流程的完善与发展提供参考，助力我国会计财务管理的发展。

第一节　财会人工智能概述

随着人工智能的迅速发展，越来越多的人开始关注人工智能给我们的工作和生活带来的影响，比如"德勤财务机器人"和"金蝶财务机器人"引起了很多业内人士的关注，可以看到，人工智能的迅速发展给财会行业带来了巨大的挑战。

一　财务人工智能

（一）财务人工智能的界定

财务人工智能是将有关财务的管理理论进行模型化处理，再通过运用高科技的信息进行匹配，将数据导入总的信息库或者以信息库的现存数据作为研究对象来分析，并以最快的速度得到公司的经营报告，形成经营战略建议的一种智能技术。财务领域人工智能技术着重模仿人类的财务操作和判断，在业务收入预测、风险控制和管理、反舞弊分析、税务优化等方面也有很大的应用空间。

（二）财务人工智能的应用

财务人工智能有专家系统、模式识别系统和信息共享系统等。

1. 专家系统

专家系统就是积累经验、获取数据、进行知识收集储备的智能化程序系统，利用这个系统可以解决财务范围内的大部分问题。它可以在一定程度上协助财务方面的专家工作，对一些财务管理内容进行叙述，诊断问题，分析数据，验证原理，从而通过综合利用财务管理环境、技术和理念而得出最终的决策。它工作的思维方式就是从复杂到简单、从抽象到具体，把复杂的财务问题进行拆分，把困难的问题拆分为简单的问题，最后通过搜索问题，分析归纳总结并解决问题。

2. 模式识别系统

模式识别系统在财务领域有大量的实际运用，例如，它能够高效地分辨并描述财务目标和大环境，并能够识别公司财务管理受到金融危机影响的原因，从而根据分析提出解决方案；在公司的经营框架中，能够识别公司财务经营框架以及运行机制；在运营管理上，它的工作重点是识别财务的主体行为以及它对财务管理目标的作用；在现金保管规划层面，可以识别资金的筹划支付以及流动性；在企业财务的风险规避和安全层面，模式识别系统可以感受到潜在的财务危机和隐患，并设立一个有预防作用的模型，从而达到保护财产安全的目的。

3. 信息共享系统

为了达到快速有效处理财务问题的目的，我们将信息共享系统分为财务操作系统和财务查询系统。这样的系统使各部门可以通过浏览 Web 网站查询相关财务信息，方便快捷，即使是远离公司，也可以通过网站及时查询实时财务信息，而且发布财务信息的企业成本很低，这使其在未来实施成为可能。财务管理智能系统的出现，意味着财务管理将变得更加高效方便，与网络技术完美结合，展现了其成熟的一面。在任何地方任何时候，我们都可以一目了然地在共享系统中了解财务状况。

二 会计人工智能

（一）会计人工智能的界定

传统会计电算化是指会计基础工作由计算机完成。但是，随着互联网、大数据和物联网的发展，会计电算化已经开始转向人工智能，会计行业也进入了信息化和人工智能的时代。在会计应用领域，借助人工智能来打造人机合一的互动式发展模式，改变了传统的人力资源管理理念，改变了会计行业的人才培养模式及目标，以高智能为特征的会计软件开始在这一领域投入使用。比如，企业当前开始普及电子发票。智能财务软件的开发和应用节省了时间，打破了空间的界限，并优化了社交资源。

人工智能技术在会计行业的应用更加广泛，机器人逐渐承担了更多会计工作，尤其是基础性、重复性的会计工作将逐步脱离人工作业模式，由人工智能取代。人工智能在会计核算领域拥有独特性，在不远的将来，会计核算这一岗位将有可能由机器人替代。新时期智能会计向什么方向发展，会计岗位人才培养势必沿着这一方向来调整和完善，这是当前会计专业人才培养与教育所要关注的核心问题。

（二）会计人工智能的应用

会计领域所应用的人工智能主要集中在机器人层面上。机器人能够应用于服务器中，作为一种新型应用程序能够模拟并完成基础性的计算机操作及会计核算工作，能够以较高的效率完成繁重且技术含量低的会计工作。2017 年是人工智能与会计领域深化融合的关键时期，四大会计师事务所纷纷推出了自己的财务机器人等诸多新型的智能工具，由此引发了公众对人工智能技术的关注和研究。

四大会计师事务所作为会计领域的引导者，在人工智能领域积累的成功经验为会计行业的智能化发展奠定了良好的基础。四大所中德勤是最早提出智能机器人研发计划的，所取得的研究成果也最为丰富，推出的机器人能够保持 24 小时不间断工作。中化集团化工事业部作为集团核心部门，将普华永道所推出的机器人应用于其财务共享中心，大幅提升了财务核算与税务处理的工作效率。毕马威、安永在财务机器人项目上起步相对较晚，所推出的财务机器人与上述两家事务所基本类似，值得关注的是安永利用人工智能技术对传统 RPA 进行升级改造，大幅提升了其认知和交互能力。预计未来会计行业所需要的人员规模将大幅缩减。

第二节　人工智能对财会行业的影响

人工智能的应用将会计工作由繁化简，大幅提升了会计工作的效率和质量，在财务管理的投资、筹资和资金运营过程中，产生了积极影响。本节将总结和归纳会计工作和财务管理工作与人工智能的应用与结合，分析人工智能发挥的正面作用以及潜在的危险。

一　人工智能的积极作用

（一）会计行业

1. 有利于提高会计核算的效率

在日常会计工作中，会计核算是企业的一项基本业务。会计核算是指以货币为主要计量单位，通过确认、计量、记录和报告等环节，对特定主体的经济活动进行记账、算账和报账，为相关会计信息使用者提供决策所需的会计信息。

在会计工作中，人工在记账、算账和报账的过程中，很难做到毫无纰漏，而会计工作中小的纰漏往往会导致企业产生较大损失，所以会计信息的准确性对于基础会计工作而言无疑是最为核心的。而且，决策者会综合会计信息进行决策。如果会计信息出现错误，往往会影响决策的正确性。因此，人工智能的引入有利于提高企业基础工作的准确性并减少成本。不仅如此，人工智能还能够识别常见错误，快速且自动地核算并查看记账时是否发生纰漏，并及时给出提示以及建议。

2. 有利于减少财务信息的造假

会计造假是指企业领导和财务人员在会计核算过程中，违反国家法律法规和准则，做假账和编制虚假会计报表的行为。会计造假将严重误导各类决策者，导致市场主体乃至国家相关决策机构做出错误判断（Kiran et al.，2020），破坏市场运行机制。

如何减少会计造假以及会计信息失真，是企业应考虑的关键问题，人工智能提供的监督控制机制就能很好地解决这一问题。人工智能能够实现对工作情况的实时监督，对工作进度进行记录与分析。及时的数据采集和处理可以为会计工作系统提供更多科学的依据，为企业进一步发展提供准确的信息。

3. 有利于追溯错误信息的来源

记账凭证是财会部门根据原始凭证填制，记载经济业务简要内容，确定会计分录，作为一种记账依据的会计凭证。在传统的填制记账凭证以及记账凭证登记记账的过程中，往往会发现账目有问题。为此，会计工作人员需要进行核算，找出账目错误的根源，这个核对过程会比较复杂。

在需要清查记账凭证，甚至原始凭证时，人工智能技术就可以发挥大作用，其可以将原本的纸质记账凭证转化为电子记账凭证，并利用智能追溯系统，快速准确地找到相应的记账凭证甚至原始凭证（Zhang et al.，2020）。因此，人工智能的引入有利于提高企业核算账目的效率和准确度，并且可以通过智能分析减少错误，甚至规避错误。

4. 有利于促进会计工作者的转型

在大数据以及人工智能迅速发展的背景下，会计的基础工作逐步被一些技术手段替代。这要求会计工作者不仅要具备专业的会计知识，而且还应该掌握与时俱进的处理工作的方法，才能在人工智能的冲击下，免受被淘汰的影响。因此，会计工作者的转型迫在眉睫。

在目前的行业环境中，会计工作者应不断提升自身的能力，包括专业知识水平、工作方法、工作能力，这对会计的转型和发展都有着重要的意义。与此同时，会计工作者需要强化职业判断，增强自身的核心竞争力适应科技的发展，努力找到突破口。会计工作者还需要掌握人工智能等高新技术知识，具备运用人工智能的能力，着力于工具应用，提高自身的财务分析能力，成为一名更加优秀的会计工作者。

（二）财务行业

财会人工智能的应用呈现星星之火可以燎原之势，我们应抱着积极的心态去看待财务人工智能对财务实务工作的影响。现阶段人工智能对财务工作的积极影响表现在智能投资管理、智能筹资、资金运营等领域。

1. 有利于优化投资管理

人工智能有助于投资人的智能化投资，投资是一个多人参与定价的博弈过程，投资人需要掌握尽可能多的信息来做出判断和决策（Wang et al.，2017）。智能投资包括投资研究、组合管理、风险管理和财富管理四个方面。

人工智能可以很好地弥补人类处理海量数据能力不足的问题，为企业进行投资决策带来更多的市场信息。第一，投资研究。提供海量数据，帮助从业者更为准确地确定投资目标以及投资方向，实现智能化投资。第二，组合管理。人工智能可以加大跟踪的力度，提高决策的水平，有利于企业更好地做出组合调整。第三，风险管理。人工智能可以建立科学有效的风险评估系统，并且针对风险评估的结果提出应对策略，把风险控制在合理的范围内，实现企业利益的最大化。第四，财富管理。智能投资顾问的核心是财富管理平台系统。如果用户提供一定的资金及确定投资目标，系统就能帮助用户智能地管理资金，且按照投资目标做调整和跟踪，帮助更多的人合理地投资。

2. 有利于提高筹资效率

资金筹集是指企业筹措、集聚其自身建设和生产运营所需要的资金。人工智能不仅有助于提高筹资市场的运行效率，而且还可以降低管理风险等（Grigorescu et al.，2020）。智能筹资主要从资金监控、资金筹措以及风险评估三个方面展开。

第一，人工智能在健全筹资过程中的资金监控体制方面发挥了重要作用。人工智能所具有的大数据运算能力，能够帮助从业者掌控资金的流动方向和流动数目，同时有利于加强筹资过程中的人为控制，有效地减少和避免资金损失。第二，人工智能的运用使资金筹措的过程得到了简化。利用大数据，根据企业情况综合考量采用哪种筹资方式，同时大数据还可以监控该企业的信誉、偿还资金的能力，可以有效缩短企业资金偿还的周期以及信誉等级的评定过程，大大简化资金筹措流程，提高资金筹措的效率。第三，准确估测资金筹措的风险。人工智能可以通过对企业的监控和分析，及时给出风险提示以及风险控制的相关建议，能够有效地降低企业在筹措资金过程中遇到的各种不必要的风险（Meng et al.，2020）。

3. 有利于实现资金运营收益

资金运营是指企业通过筹资、投资，将企业已有的资金进行周转，给企业带来收益的过程。资金运营的核心是科学决策，重点是业务流程，关键是风险控制。下文将针对资金运营的几大要素，分析人工智能给资金运营管理带来的影响。

第一，人工智能有利于进行科学决策。基于大数据运算，人工智能利用信息技术手段为企业管理者决策提供背景材料、可能方案，并进行比较分析，有利于提高决策的科学性与可行性。第二，人工智能有利于优化业务流程。利用人工智能可以整合企业的相关数据，设计出最适合企业的资金运营流程，实现通过控制资金活动来规范企业生产经营活动的目标。第三，人工智能有利于加强资金控制。人工智能的应用能够给风险控制带来极大的便利（Gries and Naude，2020）。企业资金内部控制的复杂性是人力无法很好操控的，而人工智能能够将这些复杂的问题进行程序化编辑，有利于加强资金内部控制的力度，同时减轻管理者资金内部控制的难度。

二　存在问题

（一）会计行业

1. 信息失真问题

现阶段我国会计及审计行业普遍存在着信息失真的问题，而这些问题产生的根源就在于会计及审计信息处理存在着大量的手工编制、人脑思维及判断等人工操作，而人工操作不仅可能存在人为失误，还可能存在人为故意篡改或造假等舞弊问题。人为的因素难以控制，无法通过已有的手段保证所有会计工作人员都能准确无误地传递会计信息（陈敏洁，2018），与此同时，运用人工智能，通过智能的控制，能够有效地避免信息失真以及会计信息传递过程中出现的问题。

2. 管理不规范问题

会计档案是记录和反映企业经济经营活动是否正常与合法的重要资料和佐证。会计档案管理是财务工作的重要组成部分，真实完整的会计档案是反映和监督本部门经营管理决策的重要信息资源，对支持和促进本单位经营管理具有重要的作用。而中小企业管理者关注中小企业财务会计制度设计的同时往往忽略了会计档案管理系统设计。财务会计档案形成后，如果缺乏会计档案管理制度作为保障，在会计档案的立卷、归档和保管等方面互相推诿，造成会计档案管理混乱，会计档案流失，给企业管理工作带来极大的不便（王康，2020）。

3. 从业人员专业素质低

近年来，社会焦点从大数据逐渐向人工智能转变，大数据产业进行了大范围整合，但大数据技术人才依旧具有很大的缺口（王仲团，2020）。2019 年中国互联网人才报告显示，研发工程师、市场营销人员、运行和数据分析人员是当前互联网行业最渴求的人才。而数据分析人才最为稀缺，大数据分析属于新兴产业，社会上还未形成相对系统的人才培养体系。高校、社会机构都开始重视这方面人才的培养，但人才培养需要一定的周期，且社会培养缺乏系统性。中小企业中，有些会计人员专业素质相对较低，会计业务能力不足，对于会计专业知识一知半解，导致很多会计基础工作混乱，会计人员变成简单的支出、收入的记录员。

（二）财务行业

1. 财务管理信息化建设落后

我国绝大多数企业的财务管理还局限于传统模式下的核算体系，并不会运用财务软件建立自己的网络，难以应用科学而又有效的财务分析工具，无法做出正确的决策和预测。而人工智能尚未与会计做好融合，大部分企业未采用科学有效的分析工具进行财务管理。例如，经营者疲于应付日常事务而没有充足的时间解决财务管理中存在的问题，信息化建设落后，一定程度上不利于财务管理工作的开展。

2. 财务管理工作效率不高

财务管理工作中重复性以及低复杂性的工作比较多并且较为烦琐。投资管理、筹资管理和运营资金管理等方面的工作环节繁多，财务管理人员需要投入较多的精力去应付这些重复性劳动。日常财务管理中的一些基础的财务信息录入以及财务汇总表的简单制作占用了财务管理人员大量时间，导致财务管理人员工作效率不高。由于人工操作存在失误，纠正与修改也在一定程度上增加了时间成本，不利于企业的科学决策。

3. 相关人员素质有待提高

国内部分企业的财务工作人员本身的专业素质还有待提升，财务管理与企业各项工作的开展都有着十分重要的关系，工作内容十分烦琐，涉及企业的各个方面，这就要求企业财务人员不仅要掌握相应的财务专业技能，掌握一定的管理知识、了解会计准则、制度等，还要具备一定的内部控制意识（李萍，2020），只有这样才能保证相关工作的效果，但是很多企业财务工作人员综合素质不高，尚未达到上述要求。

第三节　人工智能与财会发展的对策

基于财会管理中存在的问题，本节分别阐述了人工智能对会计以及财务管理的发展对策，提出人工智能完善基础会计流程的途径，这对会计行业的发展是机遇亦是推动力。

一　会计行业

（一）完善会计信用体系和准则

由于人为的因素难以控制，利用已有的手段无法保证所有会计工作人员都能准确无误地传递会计信息。运用人工智能，能够有效地避免信息失真以及会计信息传递过程中出现的问题（陈敏洁，2018）。人工智能与会计工作结合，会使会计信息质量有很大提高，降低人为因素导致的信息不实的风险，有效解决会计信息传递过程中出现的问题，这不仅会提高会计工作的工作质量与效率，而且会促进会计工作的进一步转型。

（二）规范会计档案资料的管理

运用人工智能，对会计档案与资料管理进行规范与保存，可以解决基础会计工作中存在的会计档案与资料管理不规范的问题。真实完整的会计档案是反映并能监督本部门经营管理决策的重要信息资源，会计档案在部门决策中发挥着重要作用，运用人工智能，整合重要信息资源，保存会计档案，能帮助企业建立行之有效的会计档案管理制度，在会计档案的立卷、归档和保管等方面建立程序化的模式，为企业管理带来便利，从而有效支持和完善本单位经营管理。

（三）创新会计人才培养的模式

随着人工智能在会计领域中发挥的作用不断增强，高校会计专业需调整人才培养方案，充分考虑人工智能的影响，应当使学生在接受传统会计学科教学的同时加入人工智能的创新教育。但是，当下绝大多数高校的会计专业暂未将人工智能纳入课程设置中，而是专注于教授入门级的助理会计。培养"会计＋智能"的复合型人才，从另外一个角度来看是人工智能在倒逼基础会计人才的培养创新，有利于完善基础会计工作。

二 财务行业

(一) 开发科学的财务工具

在信息时代，随着时间的推移，人工智能将会慢慢取代原有的财务管理工作，但与此同时，财务管理工作也会因此发生飞跃性的质量变革，对高等人才的要求也会更高。在企业财务管理与会计工作中，人工智能能够帮助制定并完成先进的财务计划，并做好各项工作的分析以及控制工作，提高财务管理工作的效率，为财务管理提供科学有效的财务分析工具，促进传统核算模式的创新，解决财务管理中存在的问题。

(二) 提升财务工作的效率

人工智能技术不断提升，重复性以及简单的工作将逐渐被取代。而在财务管理工作中，无论是投资管理、筹资管理还是资金运营管理等，应用人工智能，都能有效地将这些工作环节中复杂性的内容进行删减、优化，使更多的财务管理人员从烦琐的工作中解放出来。人工智能也能有效替代日常财务管理中的手工记账，完成基础的财务信息的录入，实现数据的自动合并，制定相关财务汇总报表，并对财务管理的流程进行自动管理、监控和优化，在会计、税务、审计中有效替代部分人工操作，推进财务管理发展。将人工智能应用于企业财务管理，能助推财务管理质的优化和创新。

（三）转变财务人员的职业规划

人工智能的应用提高了对财务人员专业能力和职业素养的要求。作为财务工作者，要不断提高自身的知识水平和应变能力。由于人工智能的引入和发展，传统的会计市场需求在不断减小，而管理会计人才却供不应求，因此，财会行业要顺应市场需求变化，加强对复合型会计人才的培养，提升其综合能力，推动复合型人才体系的构建，推进财务管理人员复合化发展。

第四节　本章小结

通过本章的分析可以看出人工智能给会计和财务管理，不仅带来了极大的便利，而且也能极大地提高工作效率。人工智能的加入使问题由复杂向简单转变。人工智能对工作人员的要求不断提高，给行业带来新的发展方向。针对人工智能的发展，会计与财务管理行业要顺时应势，提出以下发展建议。

第一，认识人工智能的重要作用。人工智能的应用最主要的目的就是替人类做复杂、危险、重复性工作，极大地便利了人类的生活，所以人工智能是以"协助人类"而存在的。充分发挥人工智能在会计与财务管理工作中的作用，用人工智能替代人做一些简单、烦琐的工作，可以提高会计财务管理的工作效率，对会计与财务管理的发展具有积极意义。

第二，利用人工智能解决问题。人工智能能够为会计财务管理工作提供丰富且更为准确的信息，建立智能信息系统辨别甄选信息，能有效解决会计财务管理工作中存在的信息失真问题，减少错误，提高效率与准确度。人工智能能够实时整合财务信息，使基础会计变得容易，能提高效率、加快交付周转速度及提升合规性，推进财务流程的改进。人工智能有助于企业应对日常运营所面临的诸多挑战，提高工作效率。

第三，人才培养与聘用。企业应该注重复合型人才培养，会计财务管理工作者不仅需要具备扎实的专业知识，也需要掌握人工智能等高新技术知识，且要具有运用人工智能帮助自身解决问题的能力，要将人工智能融入自身的会计与财务管理工作中。会计与财务管理人员需要有持续学习的能力，关注新技术，积极主动地了解和关注人工智能发展情况，了解如何应用人工智能协助财务管理工作。

第五章 人工智能与创新管理

人工智能的出现，是全球新一轮的科技革命，是产业革命的核心驱动力，它将给创新管理带来深刻的变革。本章主要通过回顾和梳理人工智能应用于创新管理的研究，将创新管理划分为不同的阶段，详细分析人工智能在创新管理的应用、发挥的作用以及面对的挑战，并对未来人工智能与创新管理的发展路径做简单的展望。

第一节 人工智能与创新管理概述

创新管理属于管理学范畴，即通过对创新过程的管理，使创新思维得到具体的实现，提高创新的效率。这种流程可以分为技术创新模式、市场调研、生产、产品宣传、销售渠道、组织、管理和政策八大环节。人工智能的广泛应用也为创新管理提供了新的研究视角，本章对人工智能视角下的创新管理进行细致的梳理和研究。

一 创新管理人工智能的界定

（一）人工智能成为创新管理的新主体

最初，只有少部分拥有一定知识技能或者经验的人群才有能力从事创新活动。随着技术的不断发展和推广，越来越多的人可以利用现有技术成果进行创新创造，即进入"创新2.0"时代。人工智能具有模拟人的思维和实施智能行为的能力，并且能够储存、分类和整理庞大的数据和信息，因此具备模仿人类进行创新的能力，甚至某种程度上优于人类。为了适应并预见人工智能快速发展的趋势，某些领域的创新主体将逐渐从传统的人或组织转变为机器，即"机器创新"。

人工智能能实现从人或组织的学习、资源获取、知识溢出到机器学习、机器价值创造和机器伦理创新的转变（杨曦、刘鑫，2018）。具体来说，在信息识别方面，人工智能可以识别数据流中的文字信息、图像信息和语言信息，将其转变为个人和企业可以理解的信息，丰富了数据流的使用形式和数量；在资源获取方面，人工智能可以采用数据搜索、数据处理、算法优化等技术，创新与外部合作的资源获取方式。

此外，创新主体的多元性体现为企业管理者、客户、设计人员、销售人员、社会大众等多角色，以及政府、院校、科研机构、产业、金融、媒体等多组织。人工智能可以全面学习各个领域的技术，并且最大限度地联系不同人群，构建一个知识网络，促进技术的传递与共享。由此，人工智能推动了"创新2.0"的发展，它是一种适应现今知识社会的，以开放创新、大众创新和共同创新为特点的创新形态（宋刚、张楠，2009）。

（二）人工智能创新管理的成果转化

人工智能技术突飞猛进，给人们带来一场前所未有的科技震撼，巨大的"冲击波"影响着各行各业。将人工智能应用到创新管理中，不仅可以为企业创新管理提供新的方向和渠道，而且丰富了创新管理理论体系。人工智能验证了创新来自一种新的生产力的建立，即通过引入一种产品、采用一种新的生产方法激发企业管理的创新潜能。这是对创新管理理论的补充，对现有创新理论和管理理论都具有积极的影响。

人工智能在产业发展和社会生活的各个方面得到广泛应用，如能上下楼梯、全向行走的双足机器人，仅用手就可以操作的无人机，可以对早期食管癌和乳腺癌进行筛查的智慧医疗系统，能进行人脸识别、秒级定位的"天眼"系统等。目前人工智能处在从弱人工智能向强人工智能方向转变的过渡阶段，但是强人工智能的大量领域还处于"空白区"，需要加强基础理论研究，支持企业家加快科技成果产业化，同时寻求技术、经济、社会、法律的价值同构，这样才能为创新管理的进一步发展提供更强大的动力。

二 创新管理人工智能的应用

（一）人工智能与技术创新

技术创新是创新管理的重要内容之一，是进一步发展创新的工具。技术创新模式是否完善、是否与现下环境相匹配，会影响到技术创新的质量和效率。

1. 群智创新模式的概念

群智创新模式正是在数字经济时代，伴随着人工智能 2.0 出现的。群智创新是指在互联网平台中，运用大数据、区块链、人工智能技术，跨越学科屏障，聚集大众智慧完成复杂任务的创新过程（罗仕鉴，2020）。群智创新主要研究群智创新管理组织、群智创新知识感知获取、群智创新价值评价体系、群智创新生态构建四个内容。

2. 群智创新与人工智能

群智创新借助人工智能技术，整合智能服务、人智资源、数据资源以及智能资源，形成群智创新管理组织，制定共同的创新目标。群体成员会为了共同目标而合作奋斗，利用能够获取到的资源进行群智创新知识感知，人工智能则会结合跨领域知识库，从认知心理学等领域中汲取灵感，并帮助收集、整理、分析和传播创新想法。当创新想法足够多时，就需要对这些想法做出贡献评价，并进行相应的修改或保存。在群智创新领域内，可以采用区块链技术，保护和共享群智创新方案的产权知识。

上述群智创新的三个内容，最终会汇集到群智创新生态构建上来，通过人工智能技术的应用，实现群智创新和管理、设计、科技、商业、文化等方面的融合，构建数字消费模式，拓展消费空间，优化数字消费制度环境。群智创新模式利用了人工智能技术，因此它具备自我学习能力、自我调整能力。群智创新社区是信息化条件下一种新的创新载体和媒介，可以为企业开展产品研发活动提供大量创新创意，为企业管理提供实践方案与运营建议，有效提升企业管理水平与创新效率。此外，群智创新的协同性、层次性得到了加强，在组织上、学科上、资源上、机制上和技术上都有协作和沟通，这也是群智创新的优势所在（侯士江等，2016）。

（二）人工智能与市场创新

市场调研在创新管理中占据十分重要的位置，它是创新的方向标，决定了创新从创意到产品、从科研到市场的最终成果。但现阶段市场调研仍然存在一些问题：市场调研不足，缺乏对详细深入的掌握；市场调研理念落后，只关注局部；大数据核心技术与专业人才资源不足等。由此，人工智能在市场调研领域的应用和创新显得尤为重要和关键。

1. 人工智能打造数据平台

目前人工智能技术在市场调研中的创新主要在于借助人工智能打造数据平台，实时捕捉市场动态，完善分析系统；加强客户沟通，利用大数据同消费者保持沟通，深入掌握市场信息（何佳威，2020）。与依托于问卷、访谈、邮件等方式的传统市场调研相比，大数据在市场调研中的创新应用，可以拓宽信息获取渠道，获得更多元的数据，并且及时获得反馈，以便能够更有效地分析市场需求及其变化（朱伟，2020）。

2. 人工智能提供标准思路

利用标准数字化，人工智能可以将实际的标准处理转向云端数字化处理，为企业提供高度安全、可靠和容错的数据中心库，在面对实时问题时可以提供及时的标准化解决方案。更多的实时决策需要减少决策时间，以通过连接的机器、物联网等实现更智能的标准化分析操作，这将导致标准数据处理和计算能力转向边缘，以实现更加动态的标准化实际操作应用，如标准化的业务连续性和灾难恢复解决方案、网络管理、数据储存、系统安全、操作系统与服务器中间件等应用。

3. 人工智能精确分析信息

利用人工智能技术对用户年龄、性别、教育程度、行为习惯、社交特征等进行分析，实现对用户画像的精确描绘，对用户偏好做出精准而个性化的判断。人工智能具有机器学习功能，能根据生理学自动模拟或完成学习行为，自动更新系统，纠正错误的分析路径。人工智能还有模式识别的功能，可以对表征实务或现象的各种形式（数字的、文字的和逻辑关系的）进行信息处理和分析，以对事物或现象进行描述、辨认、分类和解释，如文字识别、语言识别、图像识别、医学诊断等，通过模式识别得到的分析结果具有精确性。

（三）人工智能与生产创新

生产是创新从科研走向市场的载体，生产的效率和质量，是创新管理的重要组成部分。人工智能技术是建立在自动化技术、信息技术等多项技术基础上的，并且它在数据的储存和整理方面具有极大的优势，可以促进"智能机械"的创新和发展。

1. 人工智能完善生产管理结构

人工智能技术的运用对我国企业生产管理流程的完善有着重要作用，并且也影响我国企业生产管理组织结构（如采购、销售、管理和技术等）。企业生产领域流通中信息流通不顺畅、闭塞会使管理不方便。通过运用信息技术来改变原有的生产流通系统，让工作人员在企业生产管理领域中的沟通更加方便，减少因流通不便而造成的生产问题，运用信息技术来改变原有的企业生产管理组织结构。同时，高层人员与基层人员沟通不便，会使企业人员产生负面情绪，影响企业的发展。因此，人工智能技术的运用，也可以使高层人员与基层人员的交流更加方便。

2. 人工智能建立信息生产制度

人工智能技术对企业管理领域创新的关键在于建立一个完整的信息管理制度体系，解决传统管理制度体系中存在的问题并且能够根据当时的企业现状来完善生产制度，促进企业生产管理领域创新性的发展。

　　我国社会市场经济体系竞争如此激烈，企业必须抛弃传统的企业生产管理系统，运用信息技术在生产管理领域进行创新性突破。目前生产制度创新已在多个专业领域得到广泛应用，如天元矿山的一家矿山装备服务专业化公司通过建立一套适应市场经济发展需要的新体制、新机制、新模式，促进了企业可持续发展。2020 年 4 月 17 日，上海浦东新区航头镇启动"盒马产业基地"工程，"盒马产业基地"是一个集全自动立体仓库、自动存储输送、分拣加工于一体的加工配送中心。

　　3. 人工智能助力生产技术创新

　　智能化是未来信息技术的发展趋势，人工智能已经成为改变经济、社会、生活等的通用技术。人工智能作为一项基础技术，渗透至各行各业，并助力传统行业实现跨越式升级，提升行业效率。企业应该积极探索将人工智能运用在融合生产过程中，加快融合生产中的创新应用，增强核心竞争力。在现代技术结构中，数字电子技术、基因工程、新材料生产技术、多媒体技术等高新技术，都具有创新难度系数大、系统发展要求高的特点，知识更新非常频繁。同时，由于这些技术领域蕴藏着巨大的发展商机，因此，竞争十分激烈。进入高技术领域发展的企业，如跨产业、多元化经营高新技术产品和传统技术产品，就很难深入所有的业务领域，掌握各项技术的关键环节，很难在所有的业务领域都达到较高水平。

　　（四）人工智能与宣传创新

　　人工智能的发展，为产品宣传开拓了新的空间，其中较为明显的是大数据的应用和传媒领域的创新。在大数据环境下，企业要不断结合内外部环境的变化情况，调整营销策略，利用微信、微博等进行产品宣传，使产品与用户之间建立良好的互动关系（朱伟，2020）。

1. 人工智能塑造品牌形象

人工智能为品牌带来科技感，成为持续开发智能设备与配件的动力。2016 年底，蒙牛推出了名为 M-PLUS 的智能牛奶产品，并搭配同名智能体脂秤共同上市。消费者能够通过蒙牛 M-PLUS 智能体脂秤测量、记录体重和体脂数值，在 App 中查看运动记录、能量消耗记录。而蒙牛也通过这些记录，及时向消费者推荐运动后需要补充的牛奶蛋白质，并设置直接购买通道。还有一些智能产品通过软硬件整合，与消费者进行智能互动。譬如方太 App 远程智能控制可以帮助用户了解冰箱、烟灶运作情况，还可以通过手机查看厨房燃气安全、监测室内空气质量、自动跟踪监测餐具表面的卫生状况等。

2. 人工智能帮助建立消费数据库

近年来，我国许多产品正逐步逼入"拐点"，在经济"新常态"下的销量增长空间有限。要在产品销售上实现突破需要建立消费者数据库，只有掌握了消费者的消费动态，才能有针对性地开展营销活动。利用人工智能技术，可以植入传感器收集消费者信号，形成数据库并为下一步决策提供准确数据依据。完善的消费者数据库的建立具有双向沟通的作用，可充分利用不同形式的营销数据库，依据专门的营销数据库制定营销方案。

3. 人工智能引入新媒体宣传

随着信息技术手段的不断发展，新媒体的运用范围不断扩大，具有影响范围大、灵活性强、传播速度快以及时效性高的优势，企业要抓住这一新变化，建立系统化的企业网络平台，创新宣传方式，并利用微信、微博等社交平台，扩大宣传范围，加强与其他企业的沟通交流，充分利用现代网络平台宣传企业的经营理念和文化，积极与用户进行互动，从而将潜在消费者转化为最终客户。

第二节　人工智能对创新管理的影响

人工智能对企业管理产生了强烈的冲击，通过超级计算和深度学习，重构不同企业的协同优势和管理创新，打破原来传统管理模式，带来企业管理模式的升级变革。当代企业管理者要顺应社会发展趋势，善于利用人工智能，将人工智能转化成极具个性化的"企业智能"，并从中受益。

一　人工智能与组织创新

（一）企业组织创新的变革

组织创新是指当外部环境和组织内部生产、技术、管理条件等发生变化时，引发的对整个组织结构进行创新性设计与调整的新需求。组织创新的内容有功能体系的变动、管理结构的变动、管理体制的变动、管理行为的变动和各种规章制度的变革等。

1. 人工智能构建学习组织

在知识经济背景下，企业最大的优势是比竞争对手学习能力更强、效率更高。大数据和人工智能技术还能够把学习、人员、组织、知识和技术等要素联结起来，形成智能化的学习型组织，其核心原理是利用人工智能技术模拟人的逻辑思维形成的智能管理工具。学习型组织具有自我超越、调节心智、团队学习和系统的思考等特征，技术创新的数据驱动和知识管理的智能化进一步增强了学习型组织的创新能力。大数据挖掘技术可以把客户数据转化为适用的市场需求信息，使企业的技术创新方向更加明确，进而实现技术创新的数据驱动。

2. 人工智能参与组织决策

员工参与是一种发挥员工能力并鼓励员工对组织承诺的过程。这一过程是组织提供给员工的一些信息、影响或刺激的集合，而这一过程具有改变员工行为进而提高组织绩效的潜力。员工参与隐含的逻辑是：通过员工参与影响他们的决策，增强他们的自主性，员工的积极性会更高，对组织会更忠诚，生产力水平会更高，从而激发员工的创造力。

目前，人工智能参与组织决策的具体应用更多的是组织招聘。Burke 等的研究指出技术在组织中扮演着越来越重要的角色，组织中的许多工作与技术结合得越来越紧密了。如技术改变了招聘员工的方式，以人工智能为代表的技术改变了组织选拔人才的方式，其主要的招聘手段是依靠算法自动识别组织内和组织外多个求职者的信息，针对求职者技能、人格属性与岗位要求进行匹配（张广胜、杨春荻，2020）。在组织面对海量求职简历的时候，人工智能越发成为组织筛选简历的强大工具。

（二）企业组织创新的氛围

从依靠人工智能进行数据分析的视角来看，如进行员工技能培训、组织学习、完善授权机制和参与组织决策等都可以增强企业的组织创新氛围。

1. 人工智能可以帮助员工技能培训

加强员工技能培训，是促进企业发展、激发员工进步的重要手段。人工智能使员工培训具有针对性，针对员工业务上的不足、其所在的部门、兴趣爱好、特长等数据进行智能匹配，形成具有针对性、个性化的培训方案，而不再是统一的培训。人工智能的引入对员工的培训效果起到监督和评定的作用，建立员工的个性能力数据库，能全面地衡量员工的不足，并监督员工参与培训的进程，大大提高企业的培训效果。

2. 人工智能可以加强管理组织学习

组织学习是组织创新的内在需要，知识内化、信息共享及整合，有利于组织创新，是增强组织创新能力不可或缺的途径。企业要把组织学习作为进步的根本动力，营造组织内互相学习、知识共享、以知识促发展的氛围，系统统筹和设计组织学习活动，强化组织学习的激励机制。加大研发力度，增加投入，适当增加经费和研发投入，开展多样化的组织学习形式。总之，企业要重视创新学习，认识其重要性，持续强化组织学习能力，把企业打造成一个学习型组织，发挥组织学习在创新活动中的关键性作用，用组织学习的方式更好地带动创新，尽快实现高质量创新。

3. 人工智能可以完善企业授权机制

企业的发展和进步，往往并不需要领导者事事亲力亲为，而是需要他们掌握授权的艺术，让下级充分发挥积极性和创造力，从而实现企业的发展目标（唐贵瑶等，2016）。人工智能授权是指系统运用人工智能技术将前端扫描上传的影像资料转换为格式化数据，与系统报文，或按法律规章制度要求逐项做对比判断，从而实现系统智能授权的整体机制。总体原则是"人工极简、业务细分、风险可控、效率优先、功能模块化、差异参数化"。人工极简是授权人员操作简单友好；业务细分是将法律规章制度细分为系统可实现的判断逻辑，将复杂的事情简单化；功能模块化是在提取相同或类似业务共性与差异的基础上，开发解决特定业务场景授权的子程序，实现"一次开发、参数定制、全部通用"的目标；差异参数化则包括功能模块定制、模块内差异定制和非模块差异定制三个部分。

二 人工智能与管理创新

自从赫伯特·西蒙将人工智能引入管理决策领域以来，学者们对人工智能与企业管理相结合的探索就没有止步过，其关键是寻求人工智能与企业管理的结合点。经过广泛的研究，本书认为人工智能与企业管理结合，重点应该在企业人力资源管理、企业财务会计管理模式创新和企业自身管理等方面（张广胜、杨春荻，2020）。

（一）企业外部管理

1. 人工智能助力人力资源管理

很多企业已经在人力资源管理方面应用人工智能技术，主要体现在招聘和培训环节上。例如，已有100多年历史的永新会计师事务所，借助人工智能系统辅助办理新员工的入职手续，对海归人士极具吸引力。随着大数据、云计算、物联网、区块链等新一代信息技术的普及应用，传统的信息管理系统将逐步被基于超级计算、深度挖掘等功能的人工智能系统取代。近年来，阿里巴巴、百度、腾讯等互联网企业在人力资源管理方面用人工智能建模，尝试在企业管理领域应用机器学习等，这都是人工智能与企业管理创新相结合的探索（曹静、周亚林，2018）。

2. 人工智能助力财务会计管理

目前人工智能在企业会计管理方面发挥了显著的辅助作用。人工智能在企业会计工作中展示了超级计算和数据处理能力，颠覆了传统的会计工作场景，推动企业会计业务从纯粹的手工操作向"人工智能+手工辅助"模式升级，极大地优化了业务处理的流程，降低了人员的工作强度，提高了会计核算的效率。如著名的德勤会计师事务所在会计、审计等环节中引入了人工智能辅助系统。人工智能系统还可以发挥财务管理专家的职能，对企业财务状况进行深度挖掘、预测分析和风险跟踪，建立财务风险预警机制；依托信息技术，完善企业资源计划（ERP）、客户关系管理（CRM）等软件系统，辅助生产经营活动顺利实施；借助人工智能系统，分析客户数据信息变化趋势，制定客户关系维护计划等，这些都是人工智能应用于企业管理的初步成果。

（二）人工智能与企业自身管理

人工智能在企业管理中的应用，可追溯至20世纪70～80年代，那时企业在组织管理中已经开始运用人工智能，进行了前瞻性探索。人工智能在企业中的应用主要有两条途径：其一，运用人工智能技术改变企业当前的生产模式、制造方法、作业流程，比如构建自动识别模式、"机器换人"等；其二，借助人工智能促进企业管理模式创新。前者比较容易受到重视，人工智能在"硬"技术方面的进展也很快。人工智能在"软"技术方面起步较早但进展较缓，主要停留在软件的开发和利用上，这属于人工智能初级形态。

随着人工智能在企业中越来越广泛的应用，未来人工智能不仅可以为企业提供内部办公子系统，同时还构建面向客户的业务子系统，包括即时通信管理子系统、CRM客户关系管理子系统、进销存管理子系统等，为企业提供全面运营管理服务。企业内部管理呈现业务一体化、整体信息化、全面流程化、全面移动化的趋势。

第三节　人工智能对创新管理的挑战

在创新管理的过程中，人工智能技术无疑是一个好的助力，它能够以独有的数字转换技术推动企业的创新发展，从而带动社会总体生产水平的上升。但是在看到其好的一面的同时我们也应该注意到人工智能技术存在的弊端与威胁。

一　人工智能与组织管理创新

（一）算法增加决策的风险

随着人工智能算法的兴起，机器学习功能使其创建新的信息库并进行预测，并且做到快速、准确、可重复和低成本决策。将人工智能应用于组织管理创新后，各行各业在做出重要决策之前都可能会越来越依赖基于人工智能的算法和指导。因此，我们必须重视基于人工智能决策的应用所引起和扩大的并且往往是隐藏的偏见和挑战。

人工智能在企业决策中也面临着许多不确定的风险。人工智能的决策算法缺乏可解释性，这使得很难识别算法过程中存在嵌入的偏差，同时算法的不透明性也使得基于人工智能的决策容易受到隐藏篡改和对抗性的攻击。人类决策者可以更好地回溯他们的决策步骤并为此提供解释和理由，但与之相对的人工智能则更难对所做出的决策进行修改与解释，而在人工智能提出的替代集合方面也可能会存在更大的潜在风险。

（二）标准带来运作的风险

人工智能算法通常遵循绝对标准，但决策过程相对不灵活，从而可复制性过高。想要提高组织决策的质量，必须在综合人工智能决策的基础上再加以改进，同时保证决策结构的公平合理性。实际上到目前为止，人工智能已经被企业计划应用于日常的风险管理场景规划之中。通过对给定观测值进行概率测算，即运用技术算法，根据已有条件计算在场景条件下方案实施的可行性与存在的风险，为探索有效的结果提供公式。

尽管我们在建立模型分析影响时所进行的人工智能计算是毫无差错的，但考虑到现实中存在的概率偏差，即各种偶然因素，风险管理算法会有出现漏洞的可能性。而当我们将人工智能的风险预测与人工预测相对比时，我们会发现人类计划者的表现不仅取决于思维导图的水平，还取决于观察的次数，即受到来自各方面的压力影响，所以同样也会出现无法预料的偏差。

二　人工智能与制造业管理创新

2011 年，德国汉诺威博览会首次提出了工业 4.0 的概念，实际上这也是人工智能与工业创新管理链接的标志。工业 4.0 使用物联网连接和收集来自生物和非生物中的嵌入式传感器的大数据。但极端的连接性对于高度集成系统而言未必是一个稳定的助力，物联网和工业 4.0、人工智能与工业的创新管理中仍然存在着诸多不确定性（汝刚等，2020）。

（一）信息传递连通问题

工业 4.0 是一把双刃剑，我们应当把握好人工智能与工业创新管理之间的结合度，在设计具有极端连通性的创新系统时，还需要考虑其他的安全问题，而不能完全依赖数字人工智能技术。尽管伴随着经济与政治生活发展到后期，人工智能与技术创新之间的关系越发密切，但在日常生活中一味地依赖人工智能实现"托管式"生活显然是不现实的。由工程和管理科学驱动的技术创新最后势必要面向市场，这就要求它做到能够保持独立性与灵活性。

（二）人工智能立法挑战

在公共活动区域人工智能的使用可能会引发更多的对立法的挑战。人工智能发展到后期，显然具备对人类造成威胁的能力，而一旦这种情况出现，我们所要考虑的就不仅仅是量刑的问题，而且是如何追究罪责的问题。在立法问题上，我们也应意识到人工智能的法律覆盖范围在国界、区域上必须保持一致，否则其中存在的漏洞问题对人类而言无疑是致命的。人工智能最终被认为是一种能够辅佐人类的工具，那就必须加以约束，一旦在创新发展的过程中出现了危险，那么它所代表的人类是否需要被追究过错，这也是我们所需要考虑的问题。

（三）个人数字安全问题

关于人工智能技术对个人数字化的影响，学者们的看法未达成一致。一方面，学者们认为随着数字技术扩散到更多的个人领域，人们的生活将会变得更加方便快捷；另一方面，在人工智能与个人数字化技术创新的结合上，数字技术的进步势必会带来新的数字系统，而与之而来的"算法智能"又可能会造成新一轮的用户控制（Paulius et al.，2015）。随着人工智能的发展，对系统的理论化、测试和理解的要求只会越来越高。而对信息系统的可用性、保密性和完整性一旦失去约束，就可能会造成用户的个人隐私信息泄露，并且伴随着享乐技术的不断完善发展，缺乏自制力的青少年可能会对那些十分具有感染力的视频游戏上瘾，危害心理健康。由此观之，个人数字化与人工智能的创新管理层面存在的弊端是发人警醒的，我们应提前考虑并对其加以约束，注重相关法律制度的规范。

（四）人工智能伦理问题

为了应对人工智能技术日益复杂的社会影响，一些学者提出应该制定明确的伦理原则来管理软件代理和机器人的行为，以确保人工智能技术的发展带来积极的社会影响，这一研究区域又被称为"机器伦理学"。在进行道德判断时，人类在不同程度上依赖于直观的道德系统和更深思熟虑的道德系统，这取决于当下的情况和认知负荷等因素（Corea and Francesco，2019），这也被称为"双过程道德心理学"。

三　人工智能与服务管理创新

（一）潜在剥削消费者

在人工智能迅猛发展的背景下，企业收集消费者行为、偏好和资源等信息时会更加容易。企业可能会使用智能销售算法来营销其产品和服务，通过高度个性化的报价来对消费者的特殊偏好进行微定位。在人工智能与个性化交易相结合进行创新的初期，这一创新技术对于消费者而言似乎有利无害。但实际上大数据和人工智能能够提供给企业的信息与提供给消费者的信息是不对称的，这也就给部分企业在个性化交易层面诱导消费者偏好与从消费者身上榨取租金提供了可乘之机，形成潜在的对消费者的剥削。当企业具有一定

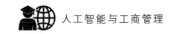

的市场支配力时，就能更好地利用消费者的个人偏好，进行个性化定价，从而造成一级价格歧视。而随着人工智能不断渗透进我们的生活，我们也许就会在不知不觉中步入策略性陷阱中。

（二）触碰消费者隐私边界

实际上，目前的研究普遍认为个性化交易往往能够激发员工的竞争积极性，但一旦理想的社会成本超过了它的激励效益，从长远来看，员工的生产力和忠诚度就会出现下降（Wagner and Eidenmueller，2018）。而为了避免这一点，同时也为了保证个性化交易带来的收益不变，企业很有可能会利用人工智能采集消费者偏好并进行诱导消费，偏好形成和强化算法已经被证明是非常有利可图的，但这实际上已经触动了关于保护消费者隐私法律的边界。因此，个性化算法在交易制度中势必也要受到框架的限制，人工智能创新不能毫无底线。

（三）限制消费者选择范围

人工智能可以以多种方式改变销售流程和客户互动方式，这实际上也改变了业务开展的方式。数字化销售渠道将会简化销售和购买流程，以及帮助客户更有效地购买产品，实现数字化转换报价。影响消费习惯的因素有很多，这其中就包括消费环境与服务态度等，而一旦人工智能参与到销售制度创新中，将销售渠道数字化，消费者变少，也就造成了另类的"感官剥夺"。现如今，许多B2B公司也越来越多地使用人工智能技术来帮助销售谈判，实际上对于消费者而言，这是人工智能创新管理销售制度弊端的体现。

（四）销售人员角色变化

人工智能对智能服务的影响更大，在面对人工智能与创新管理转型时，我们发现，为了发挥数字技术新的潜力，人工智能需要特定的组织能力与新的技术和技能。这就对新时代的数字变革提出了新的挑战，并暴露出新的弊端。人工智能技术的创新管理同时也导致销售职位角色的变化，对销售人员的知识能力提出了更大挑战。尽管数字化能够让公司更好地了解市场，提供更好的市场解决方案，但这一范式的转变对消费者而言是十分不利的。只有合理利用销售数字化技术的力量提升和增强销售人员的能力，才能使人工智能在销售领域的创新管理作用发挥到最大。

第四节　本章小结

曾有学者深入地探讨了人工智能在企业管理中的作用，即人工智能的商业影响。人工智能可以影响公司的内部运作，它的产品在创新领域能够以智能产品和服务的形式与客户互动，而调查数据在很大程度上也证实了这一点。接受调查的高管预计人工智能领域的创新将对其公司的产品产生影响，更具体地说，他们认为人工智能将影响智能服务的创造，使操作和制造自动化、支持决策和知识管理，并使客户界面实现自动化（Brock and Von Wangenheimz，2019）。

实际上人工智能领域的大多数研究都集中在对数字时代的通用技术的事后识别和分类上。人工智能通过数字转换技术与利用数字工具等方式来转换流程，重新设计竞争区域，释放隐藏在数字技术中的机会，重塑产品开发，深刻改变了产品研发的过程，促进企业发展（Magistretti et al.，2019）。

第六章　人工智能与战略管理

随着社会生产力水平的不断提高，信息化发展加速推进，传统模式下的企业要想持续发展下去尤为困难。掌握应用人工智能对企业来说既是机遇也是挑战，只有将人工智能与企业战略管理有机结合，才有可能保持或者提高企业的竞争优势，在激烈的国际竞争中立于不败之地。因此，本章在论述人工智能和战略管理理论关系的基础上，尝试总结人工智能对现有战略管理理论的挑战，讨论人工智能拓展战略管理理论的可能，以及展望未来研究的可能方向，以期为开展基于人工智能情境的战略管理研究提供借鉴，并为人工智能背景下企业的管理实践带来启示。

第一节　人工智能与战略管理概述

我国人工智能产业发展前景明朗，企业向人工智能转型的进程却非一帆风顺。有学者指出全球企业的人工智能化转型实践都亟须具备现实洞察力和战略导向的系统性理论框架来指导（Agrawal et al.，2018）。作为企业发展与定位的核心指导思想，战略管理理论当是考察与研究的重点，在数字化不可逆转的趋势背景之下，战略管理理论能否指导企业实践关乎一个企业乃至整个产业的兴衰。

一　战略管理人工智能的界定

战略管理是指对一个企业或组织在一定时期的全局的、长远的发展方向、目标、任务和政策，以及资源调配做出的决策和管理艺术，人工智能技术的特性赋予了企业战略管理的新思路和新方法，应当充分利用人工智能技术实现战略管理。

第一，数字化数据是企业战略管理的重要来源。数字化数据尤其是捕捉行为的数据，使得算法（机器学习、云计算等）变得空前重要。以算法方式而非以人工命令的形式呈现和分析数据的能力，是其区别于以往任何技术变化的重要特点。

第二，人工智能技术为企业战略管理集聚用户。人工智能技术可以将以前分开的用户体验汇集在一起。抖音、快手等平台使得无数的用户体验可以在同一时间汇聚，使得以往的分散需求、体验和反馈突破空间限制而"收敛"到各自的数字终端。

第三，人工智能为创新企业战略管理提供坚实的基础。数字化时代技术与商业模式的迭代和创新往往超出技术原有预定的轨道，更不能预测，而这些创新又反过来影响了企业与这些工程师、业主和供应商之间契约关系和组织形式的管理，为衍生性创新发展奠定了坚实基础。

二　战略管理人工智能的应用

（一）人工智能与用户画像

需求基础观的核心概念是用户需求。以往研究较难量化预测此概念，而人工智能技术则让情况大为改观，它甚至有助于研究者洞悉用户的潜在需求，从而给企业提供更为完整的用户画像。有学者通过将机器学习的模型与传统的估算模型做对比，研究发现机器学习能够更准确地预测用户需求（Bajari et al.，2015）。Hauser 等（2019）则利用近年来人工智能领域较为流行的机器学习算法——卷积神经网络对 UGC 进行内容分析发现：用户线上评论、社交媒体言论等 UGC 内容与访谈、问卷等形式获得的用户需求信息一致，而且基于 UGC 内容的人工智能算法在了解用户需求的效率方面更高。Jordan 等（2018）利用机器学习的方法对 Facebook 上 106316 条信息中用户的喜欢、评论、分享和点击次数进行分析，从而判断用户对品牌广告的参与行为。

（二）人工智能与高管特质

人工智能技术在对企业高管的个人特质研究中得到了广泛应用。例如，Malhotra（2018）利用机器学习的方法对季度电话会议进行分析，测量了高管的外向性得分。结合文本的语义分析和卷积神经网络机器学习算法，研究者对新兴市场高管的访谈、图像和视频进行分析，发现了其 5 种沟通模式。通过机器学习的三步骤——文本向量化、模型训练和选择、高管性预测，为量化考察高管沟通方式和管理层的认知能力提供了新思路。另有研究者提出了一种新颖的测量高管五大人格的方法，这一方法相较以往的测量具有更高的信效度，为相关的高阶理论研究提供了新思路（Harrison et al.，2019）。Veiga 等（2000）则通过对来自法国和英国的高管问卷进行神经网络分析，识别出了国家文化这一多维概念的不同模式与发展路径，不过研究也指出，这一分析方法仍存在局限性，例如分析过程是一个黑箱，模型训练过程较为耗时等。

（三）人工智能与企业战略

人工智能技术也被逐步运用于企业战略的研究中。Hollenbeck 等（2018）通过机器学习的方法对企业网站评论进行分析，得到了企业质量这一变量。也有研究者通过机器学习的方法分析企业的创新公告，从而得出企业的创新质量，他们发现，B2B 服务创新相较于 B2C 服务创新更能够正向影响企业价值。还有学者通过算法对社交平台提出了诸多优化建议。例如，社交媒体的推荐添加、你可能认识等功能一般考虑到使用者的效用，也即一种基于相似性的互动和连接。Li 等（2017）提出了一种基于机器学习的新推荐算法，该算法能够同时考虑到社交平台使用者的效用、运营者的成本和利益、添加的可能性及上述因素间的相互依赖关系，作者发现，这种新的推荐算法能够有效提升社交平台的绩效。

第二节 人工智能对战略管理的影响

成熟的战略管理理论认为，战略管理是由环境分析、战略制定、战略实施和控制三个不同阶段组成的动态过程，这一过程是不断重复、不断更新的，所以企业的战略管理也是在不断更新变化的。本节从战略管理的基本环节出发，分析人工智能对战略管理的影响。

一 人工智能与环境分析

企业在制定战略决策时，需要考虑企业所处的外部环境和内部环境，外部环境一般包括法律因素、经济因素、技术因素、社会因素等，内部环境一般包括生产能力、市场营销、财务状况、员工情况等。通过借助人工智能技术，企业对于内外部环境的分析能力会大大加强，能帮助决策者有效地利用企业自身的各种资源。

（一）企业的外部环境战略分析

1. 有助于识别竞争对手

人工智能技术可以依靠其信息获取便捷性帮助企业收集市场上各种有价值的信息，借助大数据整合分析技术帮助企业收集现有市场竞争对手的信息。它可以锁定谁是哪家公司的客户，并使公司能够针对特定竞争对手的客户提供个性化服务。此外，人工智能工具还可以利用数据模型等分析手段来识别竞争对手不满意的客户，并通过主动解决对应客户的问题来吸引竞争对手的潜在高价值客户。借助人工智能技术，企业还可以通过观察哪些客户是竞争对手的目标客户，利用人工智能技术了解竞争对手的战略，借助人工智能技术的数据模拟能力，企业快速大致地匹配出战略或者业务的潜在竞争者规模，从而帮助管理者根据形势制定企业相关战略。

2. 有助于管理企业客户

人工智能有助于一些客户及时反馈自己的需求，识别公司在提供此类服务时使用的决策规则，并利用这些规则为自己谋利。这种反策略可能会拉大高价值客户和低价值客户之间的差距，因为客户之间的差异不仅源于某些公司辨别能力的增强，还源于某些客户将公司战略导向其优势的能力的增强。

第一，人工智能驱动系统和客户之间的人性化交互将允许以低成本提供广泛的个性化服务，这会改变客户服务的性质。人工智能工具的出现被认为有益于顾客关系管理过程的方方面面，主要表现为使消费者更容易获得个性化的商品和服务，同时提高企业的盈利能力。人工智能通过利用外部供应商提供的具有个人、家庭和邻居信息的数据来选择客户获取目标。通过分析和整合外部数据源与个人购买行为及兴趣来锁定客户，随着种类和范围的增加，大规模的可用性会更广。数据管理能力的提高将使企业不仅能够更好地识别潜在客户，而且能够开发满足这些潜在客户需求的产品。

第二，跟踪技术精准定位客户需求。通过各种可用的跟踪技术收集到的关于消费者的丰富数据将提供对销售前景的全面看法，公司将深入了解潜在客户的痛点和他们正在寻求的收益以此来扩大分析。通过人工智能技术的不断拓展完善，人工智能企业的数据收集和分析能力都大大加强，现在一些企业已经开始了相关追踪工作，通过这项工作能够增强对目标客户的甄别和分析，从而加强外部环境的优化分析。

2009 年谷歌收购了电信公司 Grand Central，并将其更名为谷歌语音（Google Voice），谷歌能够访问不断增长的语音信息语料库这一战略优势是其成功的必要前提。谷歌软件专家利用语料库学习如何制作语音邮件文本（Gonzalez-Dominguez et al.，2015），从而获得口语方面的经验。这项功能最终用于谷歌语音激活助手背后的人工智能，吸引了大量客户的使用。同样，亚马逊选择书籍作为其第一个产品类别，除了市场上种类繁多的书籍外，亚马逊的选择还可以吸引合适的客户，并利用他们的浏览和交易数据，将他们未来的增长细化到其他产品类别。

（二）企业的内部环境战略分析

1. 有助于提供企业生产决策

企业的生产状况好坏影响着企业的盈亏，企业需要在高效生产中获利，而人工智能通过对企业生产能力的评估、对库存现状的分析以及对于产品质量的衡量，为决策者明确当前的生产整体状况，做出合理的战略决策提供依据。

第一，在生产过程中，借助人工智能技术来预测项目结果，分析当前团队的进度、能力以及潜力，预测该项目能否按时完成，也可有效地消除在项目实施过程中的潜在风险，提高整体的生产能力，保障项目的正常运行。第二，在库存管理方面，人工智能技术可以帮助企业对未来市场趋势做出更准确的预测，从而更科学地安排生产计划，实现产品生产与市场需求更灵活高效的匹配。在满足市场需求的前提下，企业可以保持最小的库存积压，从而增强制造企业的灵活性和适应性。第三，在产品质量上，可以利用人工智能技术对生产线各方面进行监控，实时监测产品数据，大大降低产品的不良率，加强对产品质量的控制。

2. 有助于明确企业营销定位

通过人工智能技术一方面可以分析、了解当前企业的市场营销能力，另一方面在某些工作上又增强了企业的营销能力。这些变化无疑对市场营销部门和组织的运作产生了影响，最重要的是，人工智能将允许企业更好地区别对待客户，并避免向那些不值得这种待遇的客户提供优质的客户服务或更好的产品。人工智能可以根据企业的产品特质与市场客户的细分，快速地帮助企业实现目标人群定位，这样大大降低了企业搜寻目标群体的成本。人工智能可以对产品的目标群体进行大概的估计，分析目标群体的规模，估算目标群体的购买能力，从而帮助决策者推断出战略的可行性等。

3. 有助于优化企业财务管理

人工智能技术对于企业内部环境中财务的作用，主要体现在辅助决策方面。通过数据库的不断更新，人工智能技术能够对企业运行过程中产生的各种财务数据进行自动采集、分析、监控等，借助数据表格、图形，以及数据可视化技术，将财务情况进行项目的事前预测、事中控制、事后分析全过程的把控，使得财务信息能够更加清晰、有用，辅助决策者能实时了解企业内部当前的财务状况、未来的财务走向，最大限度地帮助决策者做出战略规划。

另外，人工智能可以提升财务工作的准确度，改变部分财务人员的工作状况。通过这些方面的提升，可以间接地提升企业内部环境竞争力，提升企业的整体战略能力。人工智能能够替代财务工作中的简单手工操作，对于低端、重复性高、复杂度低的活动，有较大的替代效应，这节省了财务大量的工作时间，从而使得财务人员能够将工作重心逐步转移到高附加值工作上，以创造更大的企业价值，增强企业的竞争力，优化内部战略环境。

4. 有助于提升企业员工素质

人工智能在企业的人员管理方面得到越来越广泛的应用，其中对员工的工作情况跟踪是企业管理的关键步骤。人工智能利用其精确广泛的数据收集能力、理性的逻辑思维能力，来收集员工喜好、特长、性格特点、工作水平、预期薪酬等数据，这些信息在企业员工的职位变动、能力预测等方面有着较大作用，能够让公司决策者根据个人特性与工作和职位进行对应匹配，实现合理调整，真正做到人尽其才、才尽其用，提高公司有限人力资源的高效配置，提高公司整体效益，使公司与员工的利益都能得到实现。

另外，人工智能通过整合员工的个人信息特征，分析员工的兴趣、工作上的偏好，这有利于帮助员工准确地定位适合自己的岗位，从而提升企业的整体竞争力。人工智能还可以借助大数据根据员工的特性推算出员工的专业技能变化趋势，顺应这种趋势，能够推进员工个人的技能发展，在工作上则会体现为效率的提高，从而帮助管理者协调员工的任务角色。总之，通过人工智能技术对企业员工状况的分析，可以帮助管理者了解企业内部员工的整体素质和能力，从而便于管理者完善战略规划。

二　人工智能与战略制定

（一）有助于企业确定经营范围

企业可以基于大数据分析和算法的人工智能，做出经营范围的预测和决策支持。随着新兴行业的不断发展，人们创造了产品，而产品同样也在无形地塑造着人的认识维度。人们的需求越来越向个性化、多样化发展，比如私服定制企业的出现、小批量产品生产厂家的增加便说明了这一点。同时，人们的消费价值观也发生了显著的变化，例如绿色消费、超前消费等。事实上，人们的需求仅凭经验难以预测，这给企业的经营模式提出了更高的要求。在此情况下，企业利用人工智能，将大量数字数据——图像、文本、视频等储存在"云"中，并且通过图形处理单元，更快更便宜地进行市场分析，从而确定企业从事生产经营活动的行业，即从事何种性质的产业，为顾客提供何种商品或服务以使消费者满意，能获得收益。

（二）有助于完善战略决策支持系统

公司使用数据管理系统分析来推动业务决策支持已经成为常态，而人工智能与之不同的是，它所具有的强大计算能力和深度学习能力，使得企业能够收集和储存大量数据，形成一个专属数据库，在数据量的处理能力上有了一个质的提升。这也是许多企业和公司将人工智能用于财务分析、运营管理、风险评估等战略决策支持系统的重要原因。

人工智能支持的决策支持系统在各行业的运用日益广泛，尤其是在医学领域。医疗保健行业产生了大量的数据，这些数据为支持最大的直接序列服务提供了理想的学习模型（见图 6－1）。人工智能在医学领域的许多研究运用，如肺癌筛选、预测肿瘤治疗中的抗癌药物反应等方面取得了重要进展。

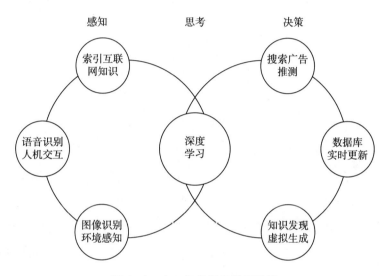

图 6－1　人工智能深度学习模型

（三）有助于制定网络安全战略

网络安全战略的制定越来越成为企业、政府乃至社会各界关注的重要方面。人工智能在网络安全领域的使用，使算法的精确度得到明显的提高，通过海量的数据分析，企业可以推导乃至溯源网络安全的漏洞，查找出威胁网络安全的实质原因。人工智能的应用，可以便捷地识别模糊信息的来源，快速对网络设备、服务商进行安全监测，对有安全隐患的用户或者数据信息进行排查，限制问题用户访问的网络范围或及时终止其访问权限，为企业筑牢网络安全防御墙。这也是政府对人工智能发展给予高度重视，不仅制定了国家网络安全战略，而且还发布了《"互联网＋人工智能"三年行动实施方案》的重要原因，除了政府以外，许多企业也开始了网络安全战略的探索。总之，无论是网络威胁因素的辨别预防，还是网络安全遭到破坏后的查因弥补，人工智能无疑在企业制定网络安全战略过程中扮演着重要的角色，为企业制定网络安全战略提供了关键的技术支撑。

（四）有助于实现企业战略性跨界

当今时代，人工智能正被引入企业不同类型业务中，使得企业能够超越自身原有条件以及固有资源的局限，获得其他领域的信息和相关决策信息。这不仅可以高效拓展企业的业务管理范围，而且有利于企业的跨界经营。新兴的支持人工智能的计算机传感器技术在企业的许多环境中得到应用，使得控制工程系统在工业环境中变得更加智能和更具有适应性，先进的人工智能技术被装备成深度学习的模型，企业在面临已有市场饱和，即身后红海广阔而对眼前蓝海又一无所知的情况下，要想拓展业务空间，就必须制定跨界经营的战略，以谋取更多的利润。而人工智能技术的产生，则使企业跨界战略的实施成本维持在可承受能力范围之内，并减少一定的试错成本，为企业战略性跨界带来更多机遇。

（五）有助于推动企业战略转型升级

在人工智能研究成果不断丰富的基础上，人工智能应用到企业的场景也愈加广泛。人工智能依据决策者事先制定的标准，能够对生产线进行统一有效的控制和管理，实现标准化、自动化生产，从而大大提高了企业的生产效率。生产效率的高低也恰恰是考量某个公司是否具备转型升级能力的重要指标。因此，辅以人工智能技术，以云计算、大数据、互联网通信为基础，数据信息的获取变得更加容易，与之前人工搜集数据的高成本、低效率相比，人工智能所赋予企业的信息获取方式无疑是高效率且低成本的。

因此，对于企业而言，在一定程度上将人工智能投入生产领域有利于企业自身的转型升级。另外，人工智能本身就是先进生产力的代表，其在企业扎根落地有助于引导企业思维的转变，从而将目光更多地聚焦在技术密集型或知识密集型的产业，将资源有意识地向高新技术方面倾斜，促进企业高新技术成果的萌芽。例如，依托"互联网＋"和人工智能，许多原本从事果蔬种植的农业生产企业，开始利用人工智能分析将目标客户锁定在城市里渴望田园风光的高收入群体，通过互联网平台的大量曝光和推广，大力发展农业旅游，促使企业由单一的农业导向型企业逐渐过渡到以服务业为主、农业为辅的复合型智能企业，实现了企业的战略性转型升级。

三　人工智能与战略实施和控制

（一）人工智能在前馈控制中的作用

前馈控制往往需要及时且准确的数据，且要求公司的管理者注意排查各种干扰因素，因此在以往的前馈控制中存在一定的困难，而人工智能的出现和适当应用恰好弥补了这一缺陷。人工智能通过云计算和强大的数据储存分析技术，可以在公司战略实施前对工作中可能发生的偏差加以预测和分析，同时还能通过不断学习采取相应的防范措施，将可能的偏差消除在发生之前，做到防患于未然。人工智能的数据整合与分析能力，不仅可以将所有内外部已知和未知条件纳入公司的考虑范围，而且可以据此计算出每种风险的概率，从而利用科学的数据判断将战略的实施风险降到公司能力范围之内的最低，增加战略顺利实施的推力。比如公司为了生产出高质量的产品需要人工智能对进厂材料进行监测，这也是人工智能在前馈控制中的具体运用。

（二）人工智能在同期控制中的作用

在同期控制中，人工智能主要负责监督和指示两项职能工作。人工智能能够按照公司设定的标准对所进行的工作进行全天候的监督，在发现问题后自动生成预警报告，警示公司管理者及时处理，避免更大差错发生，从而确保战略实施过程不脱离预计轨道。由于传统的同期控制常常与领导者的时间、精力和领导能力有关，且领导者的处事态度和管理行为也对控制效果起着明显的制约作用，所以这其实难度较大。随着人工智能和网络通信的普及，产生的信息可以在不同地点之间进行传送，故而一定范围上降低了同期控制的地点制约影响，其较高的工作效率和全程全范围的监督突破了时间的限制，从而扩大了同期控制的应用范围，比如远程手术和人工智能结算等。

（三）人工智能在反馈控制中的作用

相比于前两种控制，反馈控制考虑的是如何在损失发生的情况下将损失降到最小以及如何避免类似问题再次发生等。人工智能通过数据提取和处理，对已经形成的绩效进行测量，之后依次完成信息整合和分析，如果监测到存在偏差，可以制定相关对策。具体体现为：在周期性的重复活动中，人工智能提供的数据报告可以指导管理者避免下一次类似问题的发生；总结经验教训，了解问题产生的根本原因，为下一轮工作的展开提供依据；还可以据此建立员工的奖惩机制，提高员工的工作积极性。例如在人工智能分析报告生成以后，公司若发现未达标的产品，则利用人工智能对产品生产流程进行溯源找到相关负责人并责令其整改，并制定新的规章流程；公司发现产品滞销时利用人工智能分析已有库存并精确计算减产时的折旧损失从而调整产量。随着人工智能在公司战略管理的普及，反馈控制的应用范围将更加广泛。

第三节　人工智能对战略管理的挑战

人工智能逐渐成为全球技术变革的核心战略方向，越来越多企业将人工智能运用在企业的战略管理当中，帮助企业分析、制定、实施、监督和调整未来目标。在此背景下，现有组织存在的必要性受到了前所未有的挑战，不可避免地，问题也存在于其中。下面就针对人工智能给企业战略管理带来的挑战展开分析，并提出相应的对策建议。

一　战略分析中的挑战

（一）人工智能与信息有效性

人工智能分析本身并不具有干扰性或破坏性，但其产生的信息很容易因信息搜集平台或人工智能算法遭受其他企业的反制措施而失效或者失真。这也就意味着人工智能必须确保每一种智能分析应用所涉及的数据与算法的安全与统一，行为体必须保持特定算法的隐蔽性，以防这种算法被对手加以利用。是否了解背景是人工智能分析能否发挥作用的关键，例如，人工智能在军事方面发挥分析作用的时候，有一种算法高估了朝鲜火炮连的数量，因为它的信息库有限，并且不了解朝鲜的文化——朝鲜人的墓地从上空看与防空火炮阵地非常相似，因此人工智能在一定程度上造成了误判，这直接决定一场战争的结果。

（二）人工智能与企业预判

人工智能分析可以为企业提供预判性，在极端情况下，人工智能分析的潜在用途可发挥快速、精准、持久的作用，从而使决策人员可以对竞争对手实施先发制人的打击。此外，这种预判性、先发制人的战略分析将令一国大幅提升其企业内部的战略防御能力。鉴于决策者及分析人员基于人工智能分析提供的信息做出决策的依赖度，这将进一步增加误判的风险。例如，有些企业可以设计"人工智能伪装"来欺骗人工智能，这就会使得人工智能的分析能力因遭受欺骗而大大降低，最后造成错误的预判。

二　战略控制中的挑战

（一）人工智能给管理者带来挑战

人工智能所具有的在信息分析与未来预测方面的优势，使管理者在进行决策时会很大程度上依附于人工智能。长久以来，人工智能对管理者的控制权与决策权逐渐形成了挑战，但是剥夺管理者对算法决策结果的责任是不可取的，这意味着管理者控制权与权力的完全转移，人工智能的可靠性受到质疑（陈冬梅等，2020）。首先，人工智能是对现有信息数据进行分析处理，所得的结论并不能完全适应这个瞬息万变的市场，完全依靠人工智能的数据结果进行的决策是非理性的。其次，管理者不仅需要决策能力，还需要人事能力与思想技能，在真正的企业管理中，管理者需要顾及企业的方方面面，包括员工心情等情感上的东西，这是没有思考和情感能力的人工智能无法做到的。总之，人工智能无法在企业战略管理中担任一个理性与感性共存的管理者的角色。

（二）人工智能凸显组织问责问题

强化组织作为外部环境的响应器，与利益相关者之间的关系也在人工智能化时代发生一系列转变，其中，组织问责的问题就更加凸显。战略管理理论认为，企业可以通过市场化战略如加大创新投资、提高产品质量等加快企业发展，亦可以通过非市场化战略如构建政治联系、贿赂政府官员等手段获取稀缺资源实现企业业绩增长（吴丽君，2020）。现在通过数字技术，公众可以及时报告与广泛传播组织及其员工的问题，从而对组织进行监视。但是，这也存在一定问题，过度的监视使企业必须被动考虑人道主义精神和企业社会责任等问题，使企业的责任感被动扩大深化，最终将恶化（Karunakaran and Selvaganesh，2019）。

数字化组织问责会增加组织前线专业人员的风险规避，破坏其角色认同，使组织与公众之间的角色关系紧张，从而限制了公众的可用资源。这一系列动态过程会形成恶性循环，最终可能导致组织责任感的恶化。尽管社交媒体的兴起使利益相关者更容易表达其诉求，即使是次要的利益相关者也有可能吸引大量受众，但数字化时代巨大的信息流使利益相关者在总体上影响企业行为的可能性受到限制，而由于问责的难度增大，企业做出调整、进行改善的难度也进一步增大。

三　战略执行中的挑战

（一）冲击劳动力市场

人工智能对劳动力市场的冲击不仅体现在管理方面，而且人工智能对劳动力市场造成直接或间接的影响，人工智能技术的创新，改变了劳动者劳动过程中使用的工具方法和手段，从而使市场对于劳动力的技能需求发生改变；人工智能使得市场出现了新供给和新需求，这种供求关系的变化，引起了包括劳动力在内的生产要素的重新配置和优化需求，改变了劳动力市场的供求。数字化转型替代现有工作岗位加大了减少员工自主权、降低员工工资、降低决策理性、增加组织风险及增加社会不稳定性的可能（Arntz et al.，2016）。

（二）增加社会不稳定性

全球知名咨询公司 Gartner 于 2019 年发布的一项针对全球 3000 名企业 CIO 的调研报告显示，有 95% 的 CIO 认为，数字化时代改变了工作内容（Arntz et al.，2016）。数字化也对劳动力市场构成了潜在威胁，强个体的出现导致雇佣关系趋于不稳定乃至消失，从而削弱了企业承诺。同时，人力资本的流动性加剧，跨界流动已成为大势所趋。

企业向人工智能转型的过程中常因为对新技术、产品及市场反应没有十足的把握和预测而面临较高水平的不确定性和模糊性。这种模棱两可的状况甚至可能引起组织决策体系的瘫痪。人工智能工作模式涌现在电商、社交等场景下，更高频的数据交互驱动了业务逐渐向人工智能化转移，价值创造的过程发生了根本性的变化。

传统组织难以作为独立的个体置身于人工智能化商业环境中，数字化工作平台等新型工作模式的出现挑战了传统组织形式存在的必要性。

（三）冲击传统行业发展

人工智能革命带来了繁荣的机遇，同时也对传统行业产生了冲击与挑战。在会计行业，人工智能技术的广泛应用严重冲击着整个会计领域和会计行业（郑兴东、赵春宇，2020）。在设计行业，企业面对的竞争对手不再是另一家设计院，而是像东软、太极、浪潮这样的大型方案商，或者是华为、中国移动、中国联通这类的传统IT硬件厂商或电信运营商。不仅是会计、设计行业，还有其他很多传统产业现在正在或者不久的将来都要遭受人工智能带来的冲击（陈晶，2020）。

第四节　本章小结

人工智能的基础是大数据、物联网和云计算等技术，人工智能的发展和应用会在全面拓展信息的获取渠道基础上，不断提升信息获取能力。在大数据分析的支撑下，人工智能将从根本上提升公司的决策支撑能力。

战略目标对一个企业而言是用来规划企业未来状况的一个前提，人工智能如果想被真正地用到其中，就要着力发挥它精准预判的优势。另外，当人工智能被大量运用到企业目标选定中时，就会对人工智能的高效率有格外的要求，这就会使得人工智能的发展速度加快，从而企业为了得到这种更高的技术手段，而不得不加大对人工智能的成本投资和对专业技术人才的投资，也就是如果想先占据有利的位置，就必须先发制人，这无疑会增加财力资源的耗费。随着人工智能在企业目标选定上的应用不断扩大，可能很多公司都会依靠人工智能提供的数据制定利益最大化的目标，这将导致其他产业遭遇严重的冲击，比如股票公司等这种高风险的公司，在被人工智能技术监测完之后，如果它提供给公司一个信息，从而使得公司为了追求最大的利益，而纷纷选择减少投资，这就会限制股票公司的发展，从而影响股票公司的目标选定，不利于一个社会乃至一个国家的发展。

制定战略则是决策的一个重要阶段，在选定目标以后，企业会根据一定的数据分析结果去制定战略，接下来所有的工作就会在已经制定了的战略基础上展开，根据战略去划分工作。然而，由人工智能制定战略产生的失误并不少见，比如谷歌、微软等公司推出的算法产品都曾导致严重的偏见错误。所以，一旦这些疏漏出现在企业的数据处理上，就会对制定战略产生严重的负面影响，也会让企业在充满高风险的商业社会中，遭受致命的打击。

与此同时，自动化做出战略制定是大势所趋，如果企业不拥抱人工智能，会很难跟上快速竞争、做出全面的战略制定的步伐，这种"进退两难"的困境将会使企业管理者面临挑战。由以上分析可以知道，为什么人工智能的发展会给企业带来双面性作用：一方面，可以协助企业高层管理者做出决策；另一方面，由于人工智能在制定战略时的机械化，如果其中某一步出现错误，就可能会步步错，这也要求企业在面对人工智能转型时，要慎重考虑。

人工智能在企业的战略管理过程中的应用还存在很多问题，包括战略制定和战略的执行与调整等。但是，毋庸置疑的是人工智能运用到企业管理的各个方面是时代发展不可阻挡的趋势。我们不能因为问题的存在就步入"卢德主义"，要客观地看待人工智能，正确地引入人工智能，把控人工智能，推动人工智能造福人类。在这条路上，我们还任重道远，不仅要更正现已存在的问题，也要探索全新的道路，既要积极地顺应时代趋势去提升运用人工智能的能力，推进企业人工智能化改革，也要同时掌握化解人工智能带来问题的能力，让其发挥更大的作用。

第七章　人工智能与组织行为

　　社会的发展，尤其是经济的发展促使了企业组织的发展，组织行为越来越受到人们的重视。对于企业而言，人工智能的出现很大程度上改变了企业组织以往的工作模式以及管理模式，对企业组织的行为活动产生着或大或小的影响。本章从组织行为中的宏观组织行为和微观组织行为两个维度出发分析人工智能的影响，从组织变革、组织模式以及组织冲突与谈判几个方面来探究人工智能应用于组织行为的不利影响，从而对人工智能与组织行为的关系有正确的、全方位的认知。

第一节　人工智能对宏观组织行为的影响

　　宏观组织行为，是指人们进行群体生活，作为一个组织、一个团队一起进行活动时所做出的行为。人工智能对宏观组织行为的影响是明显的，一方面，人工智能运用于生产产品时的精准度是人类活动难以媲美的。另一方面，人工智能将人类从高压高危的任务中解放出来。本节将从组织结构、组织文化这两个方面具体论述人工智能对宏观组织行为的影响。

一　人工智能对组织结构的影响

（一）有利于促进任务分解

人工智能信息化系统有助于任务分解。组织结构中工作任务的分解是组织在进行任务分配时必须要进行的步骤。工作分解结构（WBS）是工作任务分解的重要基础，采用 WBS 分解方法，可以有效地提高员工工作效率，让每个工作任务更细化、更精准化，工作岗位更标准化（见图 7－1）。通过灵活地运用人工智能的信息化系统，可以大大提高职员的工作效率，减少在繁多的工作甚至重复的工作上花费的时间，将多余的时间用在其他的地方，为组织团队创造更多的价值。

例如，Microsoft 公司借助人工智能技术开发的 Office 软件是一个极好的可以优化分解的工具。Microsoft Project 允许用户通过网络随时随地访问该软件内部的核心数据库，组织团队可以使用该软件合理地细分工作、安排工作任务，完成工作目的。该软件可以很好地帮助组织充分利用资源，不仅能够细化、标准化、精准化工作任务的分解，而且有利于管理者对以后工作任务进行状态的了解和跟踪。

（二）有利于优化实施任务组合

随着人工智能的出现和与企业管理的结合应用，组织结构出现新型扁平化的特征，传统的管理幅度理论在现代高科技发展如此迅速的管理情景下不再适用。传统管理幅度理论强调繁多的信息量、数量多且背景复杂的职员影响和制约着管理的幅度，但在人工智能技术的帮助下，传统管理幅度理论中强调指出的这些制约因素都可

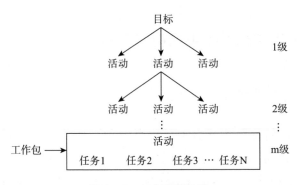

图 7-1　工作分解结构

以得到精准解决，从而使组织结构趋于扁平化。扁平化的组织结构适应了市场行业的变化需要，弥补了传统组织结构的缺点。扁平化的组织结构可以促进信息传递，加快信息传递速率，提高管理者决策的效率，降低企业运行成本（见图7-2）。

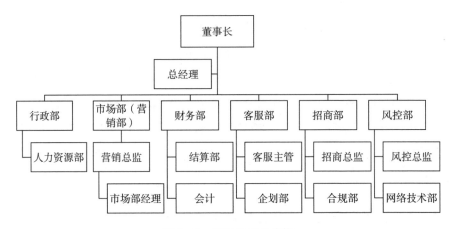

图 7-2　扁平化组织结构

　　在扁平化的组织结构发展中，层级结构逐渐向两端发生幅度扩散。中层部门人数日益减少，一部分向高层部门转移，企业战略和投资管理得到强化，另一部分向基层部门转移，促使基础工作和核心工作可以更好地发展（何筠、陈洪玮，2013）。在人力资源管理方面，可以通过人工智能监测应聘人员的性格和能力，来考察其是否适合这份工作和岗位，以大幅度提高员工质量，提高人才水平。在财务管理方面，人工智能可以实现数据综合和对比，使投资和收益获得最大限度的回报，从而达到企业获得最高利润的目的。同时通过合理使用人工智能也可减少记账错误，任务组合中的各个部门和各个方面都会或多或少地受到人工智能的积极影响。

（三）有利于增进组织协调

组织协调是继任务组合后的一个重要环节，对组织结构的稳定发挥重要作用。在组织完成任务的过程中，会遇到很多的不确定因素，包括机遇和挑战。这时候就需要开展组织会议进行讨论，通过组织协调来应对这些不确定因素。人工智能对开展组织会议起到十分重要的作用，如在此次新冠肺炎疫情期间，根据对各网络应用商店下载量收集结果，钉钉这个专为企业打造的工作商务沟通、协同、智能移动办公平台，帮助数千万企业降低沟通、协同、管理成本，提高办公效率，实现了数字化新工作方式转变（见图 7 - 3）。

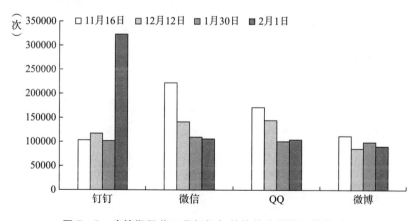

图 7 - 3　疫情期间前三月钉钉与其他社交软件下载量对比

人工智能为组织协调做出了巨大贡献，人工智能的发展将组织协调推向了一个新的台阶。人工智能增强了人们获取信息和传递信息的能力，使得组织协调突破地理限制和时间限制，组织协调交流不再只是线下面对面的交流，员工之间可以身处不同位置进行组织内部的交流沟通。组织定期的会议也可以在线上进行，将条件扩大，提高组织间协调的效率，同时，组织间的信息沟通和协调是实时的、动态的，组织可以随时通过人工智能达到信息获取和传递的目的。所以，人工智能对促进组织协调起到了很好的作用。

二　人工智能对组织文化的影响

（一）促进企业组织文化的形成和完善

人工智能的发展能够促进企业组织文化的形成和完善，契合企业精神进行不断的创新。组织文化是组织团队潜在的思想文化，是一个组织在企业中立足的思想观念，是组织特有的能代表组织的符号。组织文化能够凝聚组织力量，培养组织责任感，推动组织创新和发展。组织文化中的开拓、探索和冒险精神有助于提高企业的欲望风险和不确定性，从而推进研发活动和创新产出。人工智能的发展能够促进企业文化的形成和完善，不仅可以加强企业原有的组织文化，还有利于企业借鉴其他企业文化，取长补短，剔除组织文化中不好的部分，补充组织文化中缺少的元素，从而完善自身的企业文化。

（二）促进企业组织文化的交流和传播

社交媒体的开发和运用有利于组织文化的发展和传承，实现组织文化的共享和交流。人工智能通过社交媒体对商业界产生影响，各企业之间可以通过人工智能相互学习，企业内部也可以通过人工智能相互交流。详细来说，组织成员可以通过手机、电脑等智能物体进行组织文化间的交流和沟通，相互吸取、相互借鉴。同时，不同企业组织可以通过人工智能实现跨组织、跨地域的实时的文化交流。从世界进入人工智能时代起，智能机器人就取代了很多岗位上的职员，例如人工客服，现在我们可以拨打移动电话通过人工智能客服查询话费流量的使用情况。企业将把更多的经历花在更具有个性化的服务上，为企业创造更多的价值，为企业组织文化带来新变化和新活力。

第二节　人工智能对微观组织行为的影响

微观组织行为是指组织内某一个体或群体的行为，它包括个体行为、群体行为和群际行为等。人工智能对微观组织行为有深刻的影响，一方面，人工智能技术的引入与应用，解放了组织内个体的行动力。另一方面，人工智能对组织内相关工作的辅助使得组织群体决策能力得到高度的提升。下面从个体行为、人际行为这两个方面具体论述人工智能对微观组织行为的影响。

一　人工智能对个体行为的影响

（一）人工智能衍生品提升个体能力

智能衍生品如智能机器人、云计算和大数据技术的运用，能够帮助员工从反复的工作中解放出来，从而更好地实现价值创新。智能机器人对个体能力的提升最直接的表现是在制造业企业中，员工的价值得到普遍提升。科学家通过计算机模拟，将人的思维模式转化为二进制代码并将指令植入智能机器人的芯片中，这样智能机器人就能代替人工进行产品制造。将智能机器人应用到制造业直接改变了这个行业，员工个体不再进行反复的生产过程，而是开始学习如何控制这些智能机器人，并监管它们的生产过程，让这些机器人按照人的意愿进行生产工作。

这样一来，一个员工的工作量会大大降低，他会有更多的自由时间，因为工作产生的疲劳感也会减少，会有更多的时间去陪自己的家人，这既满足了员工的社会需要，也提高了员工的工作效率。劳动方式从体力劳动转向脑力劳动，生产效率也随着科技的进步呈几何式增长。由一名员工操控的智能机器人所生产的产品相当于当初几十甚至上百名员工所生产的产品。随着人工智能的不断发展，由员工个体所控制的智能机器人将会更多，生产效率将会得到更大的提升。

（二）人工智能衍生品提高个体积极性

人工智能衍生品给社会工作者带来的压力与动力是并存的。通过调查我们了解到人工智能在给工作人员带来压力的同时，也提高了其工作积极性和工作效率。人工智能的压力作用在制造业企业中也很明显。智能机器人可以代替低技能员工进行简单的低思维的制造，这就会使得低技能员工感到很大的压力，为了工作需要，这类员工不得不去掌握更高级的技能，化压力为动力，更加积极努力地工作（见图7-4）。例如，在会计行业中，人工智能的地位不断深化，已经逐步从辅助工作走向独立工作，人工智能已经能够替代员工进行简单的记账工作，预示着会计记账工作迟早有一天会被人工智能所取代，这便给会计人员带来了巨大的压力，他们若想保住自己的工作，便只能去学习更加高级的会计技能，更加严苛要求自己，发展自己，提高自己的工作能力。

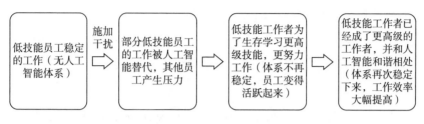

图7-4　施加人工智能对员工造成的影响

（三）人工智能衍生品提高个体学习认知能力

人工智能对员工个体的学习能力提升有很大的影响。人工智能通过自身的大数据系统帮助员工进行学习并提高员工的学习能力。随着人工智能科技的不断发展，部分高端的人工智能分析工具已经有了评估未来的预测模型，这些分析工具还能够发现隐藏在人眼之外的巨大数据库中的异常，并且进行及时纠正，通过自主学习不断分析数据的变化得到新的预测结果。人工智能的自我学习能力能够帮助员工个体不断学习、进步，为员工个体提供最超前的信息并且不断地刺激员工个体，帮助他们学习。

人工智能对员工个体的认知能力提升有很大的帮助。人工智能的发展带来了大数据时代，员工个体的认知不再局限于自己公司，员工可以借助大数据网络及时地了解同行和竞争对手的动向，能够随时了解世界任何一手资料。在没有大数据的时候，员工个体只了解自己周围发生的事，想要了解企业的市场信息十分困难。而到了大数据时代，世界各国企业的信息都会被记录在网络，最新的市场行情也能够在网络上查询到，并且大数据网络对所有人都免费开放，员工个体可以借助大数据网络随时了解任何一个企业的发展。如此，员工个体的视野便不再局限于自己周围发生的事，随着信息量的不断增加，他们的视野便开阔起来，认识的事物越来越多，从而不断地提高自己的认知能力。

二　人工智能对人际行为的影响

人工智能对人际行为的影响主要表现在沟通和领导这两个方面。人工智能使得组织之间沟通的成本变得很低，组织间的交流变得方便快捷，组织领导者对员工的管理效率得到大大提高。

（一）人工智能降低组织沟通成本

人工智能有助于降低组织之间的沟通成本。一方面，组织之间、组织内的员工彼此之间的沟通力度和深度得到加强，人与人之间的信任感得到进一步增强，组织的团结性与向心力得到进一步塑造，组织的办事效率也得到进一步提高。例如，各种社交软件依靠人工智能技术应运而生，员工个体通过使用这些软件可以进行便利的沟通，随时跟同事交流自己的任务规划、工作进度以及遇到的问题等，加强了与组织内其他员工的交流。

另一方面，对于员工与管理者之间的沟通，人工智能同样也起着很大的促进作用。在人工智能产品还比较匮乏的时候，员工与管理者之间的沟通方式大多都是单向性的，随着人工智能产品的产生，员工与管理者的沟通方式就由单向沟通变成了双向沟通，员工在执行任务时的疑问可以随时在社交平台上询问自己的管理者，而管理者则可以直接给出解答。员工在执行任务时的疑问能够及时得到解答，有助于明确工作内容，保证员工任务的正常进行，同时这种双向沟通也能加强员工与管理者之间的关系，使他们往后的合作变得更加有效（见图7-5）。

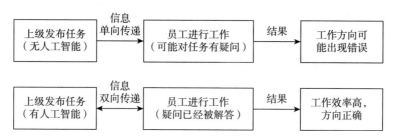

图 7-5 人工智能在企业信息传递中的作用

（二）人工智能便于组织领导

一方面，领导者对员工的管理。随着人工智能的不断应用，组织领导者对员工的管理效率得到大大提高。在人工智能还没有被普遍应用的时候，领导者对企业员工的管理仅仅局限于简单的人力管理，不仅耗费领导者的心神，管理效率也较低。其中主要的问题便是监管问题，领导者难以监管员工的工作状态，也不能及时了解员工的工作过程，导致领导者难以进行企业下一步的安排。人工智能被应用到企业后，领导者能够凭借智能产品随时了解员工的工作状态，还能自动监管员工的工作过程。领导者不必再为这些烦琐的事情而操心，可以将更多的精力投到脑力劳动上，思考企业的发展和未来的规划，大大提高了领导效率。

另一方面，大数据对领导者行为的引导。大数据的预测功能对领导者的引导作用同样也是不可忽略的。随着大数据时代的到来，领导者能够轻易了解到自己企业市场的变动。大数据网络能够对现有的信息进行自主分析，并预测出接下来一段时间内市场的变动，极大便利了领导者的工作，领导者可以根据大数据网络的预测结果对企业进行未来的规划，从而引导企业的发展。大数据网络给领导者带来的引导作用对这个企业的发展起到了很大的促进作用，进而提高该企业员工的工作效率。例如，亚马逊在线商务的推荐系统，是一个交易性人工智能平台的强大引擎。这个系统可以不断学习，本质上，大批购物者正在"教导"亚马逊人工智能系统，以便更好地展示可能出售的商品。也就是说，将一件商品与过去展示的另一件商品相匹配将促进销售，可以将半关联的概念联系起来。

第三节　人工智能对组织行为的挑战

人工智能应用于组织行为仍有许多问题存在。一方面，人工智能本身的创新性有限，原有的许多方案无法适应所有企业面临的问题，企业必须针对其自身业务进行组织上的战略调整。另一方面，人工智能的应用会增加对组织行为考量的难度。在企业的高层决策者对企业未来状况以及经营方式进行展望时，他们必须考虑人工智能会影响组织行为。如果企业不把发展人工智能以及运用人工智能作为企业商业战略的首要目标，就会忽视人工智能对组织行为的一些额外影响，很可能就不能发展较大的规模，也不能很好地创造出具有意义的价值。因此，本节从组织变革、组织模式以及组织冲突与谈判几个方面来探究人工智能对组织行为的不利影响。

一　组织变革方面

企业组织变革是适应外部环境变化而进行的，以改善和提高组织效能为根本目的的管理活动，其中外部环境的变化是企业组织变革的最大诱因。

（一）人工智能容易忽视行业的特殊性

在未来十年，基础的事务性的组织发展工作在很大程度上将被人工智能所替代（Jarrahi and Hossein，2018）。人工智能和机器学习的能力正在逐渐提高，但是总会有一些任务所要求的质量是技术难以复制的，例如创造力、同情心和情感意识等（Jason and Geng，2013）。人工智能在完成这些需要具有情感意识的工作时是存在缺陷的。人工智能应用到不同行业中的组织变革时，应该考虑到行业的特殊性和情感需求。

1. 工匠工艺的情感需求

工匠工艺类工作很难被有情感意识缺陷的人工智能所取代。人工智能自动化被应用在很多人类不喜欢做的工作的同时，也逐渐慢慢替代了一些人类喜欢做、想要做的工作。这些人类喜爱、不愿被替代的工作，譬如工匠型的工作，将会相对增加，因为这类工作更看重人的因素，其意义不能被缺失情感意识的人工智能真正感受，其价值也不能完全被人工智能所取代。有工艺专长的技术人员专注于某一领域，针对这一领域的产品研发或加工过程全身心投入，精益求精、一丝不苟地完成整个工序的每一个环节。这种工匠型工作除了传统手工艺外，在其他行业也可以看出消费者对手工制作的喜爱，如在餐饮业、家具制造业、时尚界中，人们情愿为手工制作而不是机器制造的产品花更多的钱。

2. 航空飞行的判断需求

复杂而有战略意义的航空飞行类工作很难被有情感意识缺陷的人工智能所取代。航空飞行，是一种特殊的人类活动，飞行员是飞机或其他航空器的驾驶员。多座飞机的飞行员通常只负责驾驶，单座飞机的飞行员除了负责驾驶之外，还要担负领航、通信、射击等任务。在正常情况下，飞机没有人类飞行员可能是没问题的，但是当出现问题的时候，人类的直觉是不可替代的。人工智能被设计成遵循协议，但哈德森事件的奇迹，正是Sally决定跳过协议并立即打开飞机的辅助动力，才能够让飞机安全降落。

3. 网络安全的突发需求

与网络安全相关的工作很难被有情感意识缺陷的人工智能所取代。网络安全是指网络系统的硬件、软件及其系统中的数据受保护，不因偶然的或者恶意的原因而遭受破坏、更改、泄露，系统连续可靠正常地运行，网络服务不中断，具有保密、完整、可用、可控、可审查的特性。网络安全是一个应对人类攻击者试图绕过自动化静态防御的行业。一个有动力的人总会打败技术。因此，我们永远不会看到网络安全行业的完全自动化，因为网络安全需要一个拥有技术的人类防御者，要使用自动防御措施来为防御者提供智能武装。

4. 法律保障的同理需求

与严肃的法律保障相关的工作很难被有情感意识缺陷的人工智能所取代。法律是由国家制定或认可并以国家强制力保证实施的，反映由特定物质生活条件所决定的统治阶级意志的规范体系。法律是统治阶级意志的体现，是国家的统治工具。那些需要常识的工作都不应该用人工智能来代替。我们可以在与法律相关的工作中清楚地看到这一点，在警务工作中，算法和可靠的规则无法轻易地适用于特定的环境和情况。对于律师而言，法律研究和战略可以得到人工智能的支持辅助，但对口才技巧等都是无用的。在这方面，人类加上人工智能是一加一大于二。

（二）人工智能容易降低组织变革的应变性

1. 创新型的行动

人工智能在企业创新型行动中机动性与应变性呈现不足状态。人工智能可以通过计算历史数据和现在的大量数据来判断员工的行为特性，因此它在企业处于相对平稳的时期会有较大的作用。但是如果公司发生了与以往完全不同或大相径庭的突发状况或者企业在面临转型的关键阶段时，人工智能的高计算精准性、大数据搜索能力这些技术所起的作用就很小，对行为的预判性也大不如前。当企业转型时，比如从日用品市场转到电商，这种跨度较大的转变让人工智能的作用变得局限。企业的创新型行动如企业战略、方向的调整等活动必须依靠人们的主观能动性来进行价值转变，人工智能本身的有限性使其在这些问题面前只能起辅助作用。

2. 新的人事策略

人工智能在企业新的人事策略的调整中机动性与应变性呈现不足状态。在组织的发展中，人事策略的适当调整是企业必不可少的活动。人事策略是否有同理心，员工的人际关系能力、创新与沟通等综合能力是否能在人事策略实施中得到完美的锻炼是一个复杂的、非固定性的问题。人事策略的制定还需要更多地了解业务本身，懂得运营过程中的各项工作流程，此类操作有利于提升工作效率。宏观组织行为的这些复杂特征，使其注定无法被人工智能完全取代。当企业跨地域地扩大市场时，从中国市场到美国市场，会出现很多人工智能无法根据过去情形进行判断从而进行决策的情况。

二　组织模式方面

（一）员工流失率的增加

企业应用人工智能会给组织带来知识人才的高度流动。在过去，员工的离职对于企业来说是被动的，员工的流失对企业造成很大的影响。人工智能的应用，使得组织模式中的部分工作被自动化所取代，员工的被迫流失也将随着人工智能技术的不断侵入而愈演愈烈。然而，随着大数据技术的发展，预估员工流失已经有了实现的可能（Acemoglu and Restrepo，2018）。人工智能等技术手段可以为企业管理者提供有关离职员工的早期预警信息，以便管理人员可以做出更好的决策，例如趁早应对、提出保留条件等。如果组织发展部门能够提前掌握员工的离职信息，就可以提前进行及时干预，以最大限度地降低公司的流动率，减少公司损失。

（二）市场利润率的降低

企业对人工智能应用的引入会引起组织模式的转变，从而导致企业难以完全垄断市场利润。如果市场中消费者的消费需求差异较小，那就会导致产品以及服务等市场的需求十分稳定。企业会加大资金投入去进行内部核心技术的研究，创造与获取具有创新性的新技术并将这种技术应用于生产新产品，领先一步将新产品打向市场，批量生产新产品以迅速占领市场并产生规模经济效应。在人工智能广泛应用与高速发展的时代，企业通过从上层到下层的组织结构和命令传递来进行创新活动的管理，并通过执行严厉的知识产权保护制度，使得创新成果牢牢握在自己手中无法在该行业传播，企业的绝大部分利益和权力仍然掌握在高层管理人员等少部分人手中。知识流动性不高，企业的知识成果能够被较好保护，企业能利用自身有的而别人没有的技术获得一定时间内的市场完全垄断利润。

（三）人际关系的异化

人工智能对工作、生活等领域的侵入，使人与人的关系逐渐呈现异化的状态。未来人工智能作为万能的技术、工具系统，给人提供全方位的服务，而在这一过程中无须与其他人打交道，这在很大程度上不利于人与人之间的情感沟通与交流。人们在和机器打交道上花费的时间越来越多，具体的表现为"低头族"越来越多。智能机器人的出现将人与人之间的物理距离拉远。智能机器人能代替人完成大部分事情，因此人与人之间就没有很大的必要进行近距离的互动，这会造成一部分人在心理距离上的疏远。同时因为互联网带来的便利，很多事情在线上就能够解决，这也在一定程度上拉远了人与人之间的物理距离。企业业务上的交流固然重要，但是企业更需要的是一种企业文化的养成，员工之间情感的建立可以让企业有一种家的氛围，从而促进员工之间的交流合作，以促进企业的发展。而当企业员工之间没有任何感情只有利益的时候，企业很难留住高端人才。

三　组织冲突与谈判方面

（一）人工智能缺乏人性化

基于智能化解决问题的人工智能冲突解决方案不符合组织管理人性化的需求，人工智能在组织谈判上具有很大缺陷。谈判作为解决冲突的一种常用方式，其含义是就共同关心的问题互相磋商，交换意见，寻求解决途径和达成协议的过程（Norbert et al., 2016）。人工智能不能主动对事物进行认知和学习，不能主动地进行思考，其思维方式只是按照人类思维给定的算法去计算，也就是说只能在完成某件特定事情的效率上远超过人类。在遇到超出人类给定的信息时，人工智能数据库高效检索并不能发挥效用，自发地给出超脱人类思维的人性化建议，真正适用的创造性解决方案仍需人类来解决。

119

（二）人工智能信息不对称

基于智能化的人工智能思考不可能全面地识别掌握组织内个体的所有需求，信息数据的局限性致使人工智能在解决组织冲突上具有很大缺陷。传统意义上，解决在合作中产生的冲突的策略分为四种：问题解决策略、妥协策略、强制策略、法律策略。当前许多应用人工智能的企业可以通过人工智能系统来模拟这些策略，但也会有一些随之而来的问题，譬如人工智能只能根据以前的状况信息和现有掌握的数据信息来模拟做出解决问题的决策，这在高度人类思维形成的组织冲突面前无法真正地解决矛盾，甚至可能会激化矛盾。这其中重要的原因就是，信息的不对称、不完全、不可完全观测导致人工智能无法精准识别人类思维和情绪，进而无法为相关的冲突事件提供各方满意的解决方案（Hamid and Triska，2012）。

（三）人工智能引发失业

人工智能替代人既存在于体力劳动领域，也广泛出现在智力劳动领域。尤瓦尔·赫拉利认为这将引发严重失业潮，所孕育的巨大风险让99％的人成为"无用阶级"。斯蒂芬·威廉·霍金认为人工智能将奴役人，甚至导致人类种族灭亡。国内很多学者也表达了这种忧虑，认为人工智能所引发的失业与以往大不相同，人工智能所创造的新工作领域即使需要人也只能是为数不多的掌握人工智能技术的人，大量无事可做的人将会在体能和智力方面迅速退化，个体因无所事事进而危及社会稳定，绝大多数人可能沦为智能机器的附庸。

第四节 本章小结

本章先从组织行为中组织结构、组织文化、个体行为、人际行为几个方面入手分析了人工智能对组织行为产生的积极影响，又从组织变革、组织模式以及组织冲突与谈判几个角度分析了人工智能应用于组织行为的不利影响。随着时代的发展，应用人工智能是否真正成功取决于是否能够创造利润，以及是否能提升组织运用人工智能的能力等，但是这些目标都不是能够轻易实现的。用人工智能创造价值的难点在于组织层面，而非技术层面。将人工智能视为"技术"的企业很难实现价值，因为他们创造的价值通常比用战略性眼光看待人工智能的企业更少。在组织行为领域融合人工智能的建议主要有以下几点。

一是人工智能对于场景的要求比较高，要保证场景模拟的精准度。实际场景与人工智能数据库中模拟场景的细微偏差都会导致决策结果的差异化。人工智能缺乏人类思维的能动性，其模拟决策能力只能依靠数据库中人类思维相关的决策信息的记忆收集与模拟整合，整合得越多，其模拟价值所得到适用的概率就越大，就能够在相关的场景中提供信息辅助人类思维决策。随着云计算、大数据和物联网的发展，以及5G通信的落地应用，未来人工智能的应用场景会逐渐得到改善，这会在很大程度上促进人工智能产品的落地应用。

二是人工智能对于操作人员的要求比较高，技术的进步有助于人工智能技术在组织行为领域的研究。虽然人工智能技术是发展大热潮，但当前人工智能产品的应用还需要有专业技术人员的参与，而且很多智能体的操作步骤也比较复杂，对技术操作人员的知识储备和技能熟悉度都有一定的要求，这在一定程度上限制了人工智能在组织行为研究中的应用。人工智能是研究组织行为的技术技能，在此基础上可以相应地解决组织行为中一些复杂的协调问题。在当前产业结构升级的推动下，行业领域的人才结构也在不断优化升级，这会在一定程度上解决这一问题。

三是人工智能自身的功能有较大的局限性，人类思维的能动性发挥使人工智能在组织行为等领域得到更深层次的研究。目前人工智能技术整体上还处在"弱人工智能时代"，整个人工智能技术架构体系的成熟度还不高，大量的决策都需要人类思维参与指导，信息的无法完全掌握导致自主参与决策程度有限。因此在很多时候，人工智能在组织行为学的研究中，需要加大组织成员的工作量，通过人类思维的运作来帮助人工智能价值升级，实现更好发展。

第八章　人工智能与生产运营

以往学者尚未对人工智能产品进行细致的分类以及整体的归纳总结，首先，本章将人工智能产品分成四大类，并探索和讨论产品的人工智能升级的机理、人工智能产品应用及其相关影响。其次，从论述技术进步对经济增长影响的理论基础及以往技术对经济发展带来的革命性变革，引出人工智能对三大产业生产转型带来的帮助。

第一节　人工智能与生产运营概述

本节首先对人工智能及产品的人工智能升级进行分类，并分别阐述了人工智能及人工智能产品升级的具体概念，其次介绍了人工智能生产运营的相关理论，为全章奠定了理论基础。

一　产品的人工智能升级

（一）从 SMART 到人工智能升级

人工智能系统具备智能但是没有智慧、具备智商但是没有情商、能够计算但没有"算计"的能力、可塑专才而无法通才（谭铁牛，2019）。现阶段人工智能仍然具有显而易见的局限性，还是有很多"不可能"没有克服，与真正的人类智慧相比较相差较大。人工智能的转型，重点就是要从SMART这样的"浅层智能"发展为人工智能这样的"深层智能"。现在的人工智能系统在信息捕捉、机器学习等"浅层智能"方面进步显著，但是在概念抽象及推理决策等"深层智能"方面仍有欠缺。

（二）专用智能向通用智能转型

从微观的角度来讲，人工智能的转型就是从人工智能向人机混合智能发展，从专用智能向通用智能发展，从"人工＋智能"向自主智能系统发展。国际人工智能与法协会主席维赫雅将人工智能分成三类：专用人工智能（Special Artificial Intelligence）、通用人工智能（Artificial General Intelligence）和超级人工智能（Super Artificial Intelligence）。

专用人工智能面向特定的任务，具有任务单一、应用边界清晰、需求明确、建模相对简单、领域知识丰富等优点，在局部智能水平测试中甚至能直接挑战人类智能。如阿尔法狗围棋比赛中战胜人类冠军、人工智能在图像以及人脸识别中超越人类、人工智能诊断皮肤癌能媲美专业医师等都是人工智能实现的突破（Esteva et al.，2017）。通用人工智能的研究与应用目前仍处于起步阶段。把人脑看作一个通用智能系统，能融会贯通、举一反三，可处理视觉、听觉、推理、判断、认知、学习、思考、定位、设计、规划等问题，可称"一脑千用"。

二　产品＋人工智能的分类

1. 文化产品＋人工智能

文化产品一般是指传播思想、符号和生活方式的消费品。它能够提供信息和娱乐，进而形成群体认同并影响文化行为，具有强烈的创新性、广泛性、持久性和思想性。创新能力的提高和科技化浪潮的推进，使文化产业产品将进入一个高智能的发展时代。

文化产品的智能化是使科技和文化融合，以现代智能科技（如大数据、传感器、人机交互、立体显示、仿真以及数字技术等）为手段，为文化产品提供物质基础、技术支撑、传播媒介和价值取向，实现文化产品的更新换代升级。文化产品智能化有利于在文化生产、文化传播、文化保存、文化消费、文化监管等多方面多角度推动文化繁荣。比如博物馆里的虚拟仿真技术和自动感应技术很大程度上为文化遗产的保护和宣扬提供了好的技术手段和传播载体，5D技术实现的虚拟旅游体验促进了文化资源的别样形式共享等。

2. 机械产品＋人工智能

人工智能应用和推广的核心力量是机械类企业和供应商。机器设备通过嵌入式人工智能的形式，使机械工程能在机器人、传感器技术、自动化、数字化等方面，积累人机协作整合设计的经验。对机械工程来说，人工智能保持世界领先的重要性不言而喻。在某种程度上，人工智能是决定机械工程未来的核心力，嵌入式人工智能的功能还可不断优化生产流程，扩大机器服务应用范围。

打造人工智能的基础既需要利用现有技术，也要依靠应用领域的专长。因此，机械工程在跨部门和专业的人工智能应用中产生了举足轻重的影响力。"机器学习"体现了浅层的人工智能的一种应用形式，它已经实现并且能够具体详细客观地评价估计。现阶段的工业和机械工程已经能够利用机器学习来处理特定的具体的技术问题以及经济问题，且人工智能产品升级的意义在于推进机械产品的深层智能。

3. 服务 + 人工智能

随着大数据、物联网、云计算等新兴技术的兴起，"无人"化的商业模式逐渐渗入人们的生活，诱发了一种全新的业态转变。各种各样的"无人"商业形式如雨后春笋，在各龙头企业的引导下一时繁荣，"无人"化的服务模式已然成为一个新的商机，人工智能服务的商业模式展开了一场颠覆性的革命（邹昊舒，2020）。对这个懒人消费占主流的经济时代来说，科技服务于人，给人带来便利是科技与人类一起进步的体现，"无人"化服务模式便是人工智能发展的一个应用，促进了驾驶、家居、人际交互、制造、交通等多个领域与人工智能的融合发展，将人脸识别、语音交互、文字识别等多项人工智能能力应用于电商平台、客服服务、协同办公、语音质检、单据识别、员工考勤等多种实际业务场景，提高企业内部的管理效率，最大化利用资源，通过智能化企业服务降低了大量成本，从而增强了企业的核心竞争力。

4. 农产品 + 人工智能

智慧农业发展的趋势势不可当。美国的 CB insights 评选了 70 家正在改变农业的科技公司，在这些公司里面除了室内垂直农场、农产品贸易和管理软件类型的公司，其他的都是智能灌溉、智能传感、机器人、无人机、精准农业和预测分析等领域的智慧农业相关企业。

在有限的土地上产出更多更好的农产品，而且要对环境友好，同时生产要更好地跟市场对接，尤其是应对在全球化环境下国际市场的竞争是智慧农业契合的目标。在这个挑战面前，人工智能等现代信息技术极有可能成为农业数字化转型的核心动力。在我们刚刚经历的一波互联网＋农业浪潮中，我们看到互联网帮助农业在产销对接、农产品流通等方面实现了巨大改变。在即将到来的 ABC＋农业浪潮中，我们将会看到人工智能等现代信息技术更深入地帮助农业生产端转型升级。

第二节　人工智能对产品升级的影响

人工智能系统通过收集分析数以百万计的科学论文，寻找可能产生的新的研究思路模式和新兴主题，加速人类进入融合普惠智能社会的脚步。"人工智能＋X"的升级将随着社会的发展逐渐成熟，对生产力和产业结构造成革命性的反作用，推动人类社会的普惠智能化。此外，人工智能能够在消费和行业应用的需求拉动下提供经济社会转型升级的重大动力。

一　文化产品人工智能化的影响

（一）提升文化资源交互体验

文化产品智能化既保留了传统的资源文化体验，还原了传统的文化场景，也通过利用现代的科学技术升级了文化资源交互体验。5G 与 AR、VR 技术双核驱动能创造性地改变文化产品的内容表达方式，实现由平面向立体、沉浸式的产品体验升级，其被广泛应用于游戏行业、文旅行业、文博会展、广播电影电视、演艺行业以及广告业等。例如咪咕作为超前产业布局的典范，2017 年底携手人民网、新华网联合成立了第一个 5G 多媒体技术与应用创新联盟，并与湖南省博物馆联合打造超级链接博物馆，在线上服务区借助 5G、VR、AR、人工智能等新媒体技术，突破物理空间尺寸局限，使用手机欣赏文物遗迹。

（二）赋予传统文化新生命力

文化产品智能化不仅颠覆了传统的文化传播理念以及传播方式，增强了用户的使用体验感以及趣味性，也赋予了传统文化产品新的产品艺术形式和文化内涵，为传统文化产品注入了新的生命力。在文化旅游领域，多家国内外博物馆联手科技公司，采用人工智能技术全方位复原历史文物，让国宝"复活"。如故宫推出了多款 App，其所展现的"全景故宫"涵盖故宫所有开放区域，游客打开网页或手机，点击 VR 模式，就可以享受沉浸式体验，可以"走"进大殿，甚至"坐"上龙椅；故宫官网推出的"数字文物库"，除了公开 186 万余件藏品的基本信息，还精选首批 5 万件文物高清影像进行展示。通过这些方式，故宫及故宫文物变得十分鲜活，有效提升了数字文化产业的内涵。

（三）诱发文化领域新业态的发展

文化产品智能化在发展中为文化提供了丰富的优秀素材，为传统文化增加了时代性，满足了市场多样化的文化需求。人工智能中的许多核心技术，如数据处理、语音与图像识别和智能算法等，均普遍适用于文化产业的运营。人工智能已经无边界地融入文化产业的各行业，以其高效的产能、精准的定位，完全打破了传统文化行业的内容生产、平台分发和用户消费等链条。5G 和人工智能的结合，一方面能够降低文化产业的人工、技术、资本门槛，使得视频剪辑、特效制作等枯燥乏味的制作步骤由人工智能完成，提高生产效率。另一方面能够将人力资源转移到更具创造力的文化活动当中，给予普通大众在文娱消费方面更丰富的创作机会，为文化产业的内容生产注入鲜活的创意元素。

二　机械产品人工智能化的影响

（一）不断完善的技术标准

机械产品智能化依靠不断完善我国机械产品相关运营标准和评价体系，以满足研发生产、测试、运营等多方面的需求。其重点之一是完善自主技术标准体系，例如机械产品零部件规格、性能软硬件接口协议、整体系统结构等，相应也要依赖健全的智能机械测试的方法和评价体系。

（二）不断增进的安全管理

机械产品智能化不仅依赖于安全管理，即切实保护智能机械产品的使用者在使用过程中的安全，而且也依赖于数据信息流动管理制度，切实加强用户信息安全保护，强化网络及信息安全监管。例如在自动驾驶系统之中，不仅要保证自动驾驶系统在道路行进中的安全性与稳定性，也要保护用户信息安全，避免信息被滥用。

三　服务产品人工智能化的影响

（一）大数据技术在人工智能上的应用

人工智能的出现和发展是以大数据技术为前提和根本的。大数据具有体量庞大、数据多种多样、数据处理速度快等显著特点。将大数据技术应用到人工智能上，现代服务业就能从更加广泛、更大的范围和维度内搜集到相关的信息，然后凭借人工智能的数学演算模型、关联算法等数字技术手段对收集到的相关信息进行识别、筛选、加工和处理，最终提供的相关正确信息可以作为投资决策、行业发展、行业改革、经营创新等的重要凭证和依据。人工智能的应用和发展促进了传统服务业的业务流程和商业模式的转变，降低了生产成本，提高了经济效益，为现代服务业增加了更多的盈利空间。

（二）人工智能对现代服务业企业的帮助

借助人工智能，现代服务业企业对目标市场及竞争对手还有自身的经营状况进行实时的动态监测和管理。通过建设具有数据挖掘、识别、集成、存储、分析、判断、可视化等多种功能的行业数据共享以及应用平台，以不断建设和完善现代的基于人工智能技术的服务业系统平台；通过不断提高企业内部的人工智能化管理水平的手段，实现各部门互联互通的目标，达到降低信息的传播和获取成本、实现企业内部的数据资源共享、提高各部门的工作效率和协作水平的效果；通过掌握并且利用与人工智能领域相关联的各类前沿科学技术，从庞大的信息科技技术群中识别筛选出符合企业自身业务性质和水平需求的信息技术，并将物联网、云计算等技术与自身设计的服务数据库相结合，进一步提升数据平台的识别、收集、分析以及处理能力。

（三）人工智能促进现代服务业转型升级

近年来，机器学习和深度学习在语音识别和图像分析等机器感知领域取得了巨大的成功，尤其是深度学习和自然语言处理（NLP）技术，极大地帮助智能客户服务机器人达到了比现场服务人员更高的客户满意度要求。如何才能在利用数据的同时保护用户隐私，而不是通过像差异化隐私这样的方法来实现目标，如何在复杂系统中通过观察数据来应用因果推理，如果能够解决这些问题，便能推动人工智能更快转型。现阶段人工智能技术在服务业中的应用，是促进现代服务业转型升级的重大机遇。要有的放矢、看准目标，对症下药使用人工智能技术，发展乡村旅游、智能餐厅、电子商务等新兴现代服务业，从而达到取长补短的效果，实现服务业的创新发展。

四 农产品人工智能化的影响

（一）人工智能在农业领域的应用

机器人技术在现实生产中越来越多地被使用，农业领域对人工智能的需求也在攀升。通过部署机器人、农业过程的自动化，不仅促进了更轻松、更现代化和更复杂的农业实践，而且促进机器人领域的制造商开发并生产了配备人工智能的产品，以在动态和非结构化的农业环境中良好稳定地运行。

人工智能在农业领域的主要应用包括无人机分析、农业机器人、牲畜监测和精确农业等。其中，对人工智能的最高需求是由2018年的精准农业应用创造的，并且在未来几年也将处于较高水平。这是因为在农业社区中，精准农业日益普及，人们迫切需要使用有限的可用资源来获得最佳产量。预计在不久的将来农场对无人机分析的需求将显著增长，这是因为启用了人工智能的无人机能够在充满障碍的环境中自主飞行，并且可用于协助灌溉计划、估计产

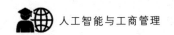

量数据、扫描土壤健康状况以及施用肥料等。

（二）人工智能与食用农产品质量安全精准治理

我国存在食用农产品加工业转型升级滞后的难题，尤其是精深加工及综合利用不足、创新能力不强等问题亟待解决。运用智能化的加工流程系统和质量检测系统，可以降低人力加工过程中产生误差的可能性，提升食用农产品质量安全的治理效率。人工智能与食用农产品质量安全精准治理的实质，就是人工智能技术对食用农产品质量安全控制的精准程度。

"农产品＋人工智能"使传统的农产品质量安全问题的追溯保障系统实现飞跃式成长。"可追溯"是指还原产品生产全过程、历史轨迹、发生场所和销售渠道等。我国食用农产品质量安全可追溯管理系统是对农产品从播种到销售全过程监督管理形成的产供销一体化的信息系统。在此基础上，通过区块链技术，对各环节监测到的信息进行整合与智能处理，完善全过程追溯体系，降低过程追溯难度。"农产品＋人工智能"的模式，促进了传统农产品质量安全问题的治理模式的转变，进一步保障了农产品的质量安全。

第三节　人工智能对生产经营的影响

人工智能的"替代执行"技术对经济社会发展的影响已经引起了广泛的关注，虽然学术界对人工智能的就业冲击、科技伦理问题还存在很多争论和忧虑，但这并不影响企业界对人工智能这一通用技术的高度重视和极大的热情。

一　人工智能对农业生产转型的帮助

（一）农业创新方面

农业创新在社会和经济上是一个富有成效的利用思想、信息和技术的过程。首先是思想上的创新，更新农业生产、加工、储存和增值做法的社会和经济影响，改变对农业的传统思维定式，让农业留给人们的印象不仅仅是"面朝黄土背朝天"，它也可以像工业一样进行机械化和智能化生产；其次是对农业生产的创新，传统农业中人是主体，生产要素为水、肥和土地等，而人工智能的加入，拓展了农业的主体，更新了生产要素的投入。农民和技术人员可以应用科学的知识和先进的机器设备开展农业生产，大力改善农机作业的条件。其中重点在于先进农业生产技术的运用，通过云平台的问卷调查和数据搜集，从而能够实现农业订单式生产，转变传统的生产方式，以科技创新为抓手，着力推动农业生产机械化转型升级。

（二）农业自动化方面

自动化则体现在农业生产模式和基于计算机视觉（CV）的自动识别技术系统中。此前，我国传统农业以人和畜力为主，农民劳动强度大、人力成本高且生产效率低、农产品质量差。如今随着科技水平的提高，通过人工智能的运用，利用电脑、手机 App 和微信小程序采集和处理大量数据来实现实时在线监测，包括作物数据、土壤数据、环境数据和气象数据等，然后利用人工智能构建智慧农业数字模型，设计一套综合的实验协议，自动对农业相关要素进行识别控制，这样既能够及时规避对农业生产不利的因素，又能够优化资源配置，使农业生产朝着精准化和细致化

133

转变。

（三）精准高效方面

在信息化时代，启动人工智能推进精准农业进程，农业企业依托人工智能先进技术着重实施农业全产业链的人工智能决策系统研发。不仅通过该决策系统将全产业链所有环节的决策信息转化成庞大的实时数据植入人工智能决策系统中，将科学技术融入农业全产业链，而且通过该系统的智能模拟对植入的信息数据进行云计算和快速处理，做出高效率、超精准、高科学的农业生产运营决策，实现农业资源信息共享。最后，通过数据的不断更新，人们可以对农作物生长情况实时监控，消费者可以对选购产品进行追溯，企业可以对价格及营销策略进行调整，推进精准农业应用系统的建设。

（四）绿色环保方面

在传统农业生产中，人们过于依赖肥料和农药的使用，这容易导致土地资源和水资源被重金属和化学残留物污染破坏，与我们所倡导的绿色经济相违背。而传统的农业机械生产工序复杂，机械技能单一，要消耗大量的生态资源，这同样也不符合绿色环保的可持续发展要求。如今的人工智能技术能够利用模拟仿真技术，通过计算机计算农产品的生命周期，从生态循环发展的角度，考虑农产品最适宜的温度和湿度。一方面可以构建精确农业蔬菜变量施肥决策系统，准确地把握土壤养分、施肥量、蔬菜产量和蔬菜质量之间的关系，达到资源效用最大化；另一方面又能够减少对环境的污染，顺应生态理念经济的发展。

二 人工智能对工业生产转型的帮助

(一) 劳动力密集型企业

1. 自动化生产优势

由于人工智能的出现，机器在一定程度上能够模拟人的意识，代替人类完成一部分工作。虽然传统的工业生产实现了一定程度的自动化，但是随着人工智能的应用，生产自动化水平快速提高，在某些领域远远超过人类。那些单纯通过流水线输出，单一循环、无技巧性的产品完全可以使用机器进行自动化生产，只需雇用一些操纵机器生产的工人，如此一来，大大降低了劳动力密集型企业的生产费用。而那些没有过多投入机器生产的劳动力密集型企业为了生存，不得不将企业转移，把目光转向东南亚、非洲等落后地区，寻求廉价劳动力，仍保留着原来较为落后的生产过程。

2. 生产稳定性优势

人工智能具有数据收集和分析的能力，利用这种能力能够及时收集产品生产过程的信息，分析取得的数据，发现异常则能够及时更改。这种实时监控数据的机制在很大程度上能够确保产品生产流程的正常和稳定。同时，产品生产过程的稳定又为提高产品的稳定性打下扎实基础，而这是人工所不具备的。人工生产需要考虑工作强度以及劳动者自身的状态、素质等因素，还会受到环境等外在因素的影响，很难保证每个产品都是同一水平，并且劳动人员需要一定的休息时间，随着工作时间的不断延长，在规定工时里的生产效率不断下降，难以确保实时的高生产效率。而机械化生产机器不需要休息，同时能保证生产效率，只需要投入一定的维护成本。

（二）资源密集型企业

1. 提高精准率，扩大生产优势

人工智能运用人工神经网络、人工神经模糊推理系统和功能网络等技术，通过开发人工智能模型，建立物理方程，可以精准预测资源产量，扩大生产优势。研究表明，将数据、参数输入人工智能模型，实验者将得到的结果与传统经验模型进行对比，发现新开发的人工智能模型能够精准预测产量，验证了人工智能模型的精准性以及可行性。

人工智能的人工神经网络具有高度的自由，在适应和捕捉非线性的方式上明显优于传统的回归分析方法，在解释输入与输出之间的关系方面更加准确，从而求得更加准确的一般通用模型。如石油开采活动，石油对很多国家而言具有重要的战略意义，当原油遇上人工智能，结果便是智能化开采。原油的井流率主要因为多种流体的流动、流量变送器自身的不确定性以及井口条件和间歇性试井数据的不充分等原因而有较大的误差。但是，在人工智能和原油开采结合后，这些误差得以大大降低。

2. 降低成本，缓解供给不足劣势

资源密集型企业依托大量的资源进行生产，而人工智能的运用使得产量大幅度提高，所需的资源价格大幅下降，对资源密集型企业的生产来说，无疑是一个利好。仍旧以原油开采为例，人工智能在原油开采中的应用极大地提高了原油开采的效率，精准预测区分优质劣质油田，加速了对原油的开采，大大增加原油产量，进一步降低了原油价格，满足了当代工业发展的巨大需求。而这正是传统资源密集型企业所不具备的生产优势。同时，企业通过机器学习，实现原料配比优化（石化行业原油配比、钢铁矿石的配比、电力配

煤掺烧等）、工艺参数优化、装备装置健康管理等，有效降低了生产成本。

（三）技术导向型企业

1. 夯实技术基础，增加产品价值优势

技术导向型企业依赖于企业先进的技术，在领域内占得一席之地。技术是其生产的根本，人工智能的加入，夯实了技术基础，提高企业的生产竞争力。人工智能对技术导向型企业生产的影响主要体现在原有技术与人工智能相关技术的结合方面，将深度学习、数据信息收集处理以及大数据分析等人工智能技术融入原有技术，改进原有技术或者是形成新的技术，从而产生更多的价值，提高技术导向型企业的生产竞争力，实现生产产品的转型升级。

众所周知，华为是一家技术导向型企业，以其拥有众多的技术专利而著称。华为对人工智能也颇有一番研究。2017 年华为发布的 Mate10 手机就搭载了全球首款内置独立 NPU（神经网络单元）的智能手机人工智能计算平台，可见华为在人工智能领域的领先性，同时也反映出技术导向型企业自身的生产环节与人工智能技术结合的趋势。夯实技术基础，提高企业生产竞争力，实现生产产品的转型升级是人工智能对技术导向型企业生产的重要影响。当下人工智能的迅速发展是工业 4.0 的重要推力，智能制造逐渐被提上日程，人工智能仿佛是制造业的转型"催化剂"，制造业生产迎来发展契机，智能化就是制造业的新途径。

2. 深度需求挖掘，优化生产工艺优势

基于人工智能算法，通过对工业问题的推理和仿真，强化人工智能的感知、交互、决策，帮助企业认识或发现客户需求，实现智能化商机挖掘。如能源供应商 HanseWerk AG 基于机器学习，利用来自电

缆的硬件信息以及实时性能测量（负载行为等）和天气数据，监测和预测电网中断和停电，主动识别电网缺陷的可能性提高了 2~3 倍。纽约创业公司 Datadog 推出基于人工智能的控制和管理平台，其机器学习模块能提前几天、几周甚至几个月预测网络系统问题和漏洞。除此之外，百度也走在人工智能研究的前列，人工智能"小度"就是百度的杰出作品。百度不再只是单单地提供搜索引擎服务，现在百度利用人工智能技术向智能家居领域扩张，"小度智能音箱大金刚"就是典型的代表，实现了百度提供的产品服务的转型升级，开创了百度发展的新路径。

三　人工智能对服务生产转型的帮助

人工智能在服务业领域的纵深应用及其所催生的一大批新技术在服务业各个环节嵌入，正深刻改变着服务业生产方式。人脸识别、计算机视觉等应用及无人机、智能机器人等高度智能化产品正快速走进人们的生产生活，推进服务业生产方式的智能化和现代化。由于人工智能对服务业的影响较大，加之服务业类型较多，所以本节选择医疗和旅游两个典型代表进行分析。

（一）医疗企业转型

1. 生活护理

传统的残障人、老年人护理，多由专业的护士进行，而人工智能的出现，则转变了这个护理过程。进行护理工作的主体不再是传统的人工而是基于人工智能的机器人。日本推出的人工智能机器人可以帮助老年人进行日常活动，如从服用安眠药到床上睡觉时调节温度等，从而提高了残障人士以及老年人群体的生活质量，解决了他们在生活中的难题。但是，由于人工智能技术的不成熟，在一些突发情况下效果还是不如传统的护理服务。

2. 疾病诊断

现在已经有一些疾病可以利用人工智能技术诊断，并且还具有很高的准确率。如青光眼在老年人群体里较为普遍，眼内压的逐渐升高导致压力萎缩，使单侧或双侧视力丧失。人工智能利用图像提取和反向传播神经网络的技术，区别正常视网膜图像和青光眼视网膜图像。以往诊断青光眼需要医生通过特定仪器观察患者的视网膜图像，并与正常的视网膜图像进行对比，得出结论。而现在人工智能就可以胜任这份工作。我们无须前往医院检查，只需在家中利用人工智能技术处理老年人的视网膜图像。

3. 实时监测

现在市面上已经有了许多智能可穿戴设备，运用人工智能技术监测分析穿戴者的身体状况。如智能手表，能够实时监控穿戴者的心率、血压从而反映穿戴者的健康状况，同时还能利用这些记录的数据分析出适合穿戴者的健康生活方式，这无疑是一种快速且方便地检查身体指标的工具。人工智能对医疗行业的生产转型影响使得企业更加关注为消费者提供远程的、家居的、以人工智能为主的产品服务，而不仅仅是提供传统的医疗卫生服务，从而使医疗企业提供的产品服务更加多元化。

（二）旅游企业转型

1. 综合旅游规划分析，使企业更加重视服务的质量

综合旅游可以定义为一种与旅游发生地明确相关的旅游，实际上与当地资源、活动、产品、生产和服务行业以及参与性当地社区有着明确的联系。采用人工智能信息提取和深度学习的技术，构建

一个由不同的公理、对象属性与数据属性组成的领域本体。领域本体主要对不同地点之间的距离进行建模。将住宿、景点、车站、市政设施等考虑进来，同时容纳各种服务（如酒店服务、交通），进而为游客分析出各种旅游路径，节省游客旅游成本，为旅客提供极大的便捷。通过一系列因素建立数据模型，利用信息收集和深度学习技术，分析出不同因素的联系以及对游客影响程度的先后次序，从而为游客提供旅游建议。

2. 服务的自动化、智能化

自动驾驶、深入学习、人机交互等技术不断成熟，旅游企业提供了自动化、智能化的服务过程，降低了企业提供服务的成本。传统的旅客接送需要企业雇用司机，而现在得益于5G的低延迟、高传输率，人工智能处理数据的速度极大提升，无人驾驶汽车逐渐成熟，运用人工智能接送旅客成了一大浪潮。同时机器人也被用于餐厅，进行提供食物、递送客房服务订单、清洁地板和游泳池乃至在自动化厨房烹饪食物等活动。得益于深入学习和人机交互技术，聊天机器人诞生了。现阶段，人工智能通过理解聊天对象的句子自动做出相应的回答，同时消费者可以用聊天机器人搜索旅行信息并预定旅程，能够实现简单的人机交互。通过人工智能，企业提供的服务变得自动化、智能化，降低企业的生产成本，并提高了企业的服务效率。

第四节 本章小节

经济全球化、跨国企业的全球化竞争布局以及竞争游戏规则的改变，使得越来越多的企业直接面对全球市场的变化，在全球数字经济的发展浪潮下，强大的高新技术企业正试图通过规范的系统来确保数字领域先行者的主导地位。这对于大多数企业来说是巨大的挑战。在面对联合国（WTO）游戏规则统一、全球数字经济和世界信息化等新技术发展的挑战下，如何实现我国企业生产运营转型成为当前学术界和企业界亟须解决的问题。

人工智能产品作为人工智能技术应用的物质载体，其重要性不可忽视，在人类生活的方方面面中都有着重大影响（徐志强等，2019）。例如，人工智能在医疗卫生事业的应用提升了医疗服务的质量；人工智能在商业领域的应用不仅改变了消费者的消费习惯，还改变了商家的服务方式，既减轻了商家仓储和物流的繁重任务，又提升了消费者的购物满意度；人工智能技术还常常被应用于其客户服务系统中，给顾客带来温馨舒适的服务体验；除此之外，人工智能的指纹识别、虹膜识别、掌纹识别和人脸识别等技术已经广泛应用于社区安全、智能在线支付、手持终端智能设备管理和智能居家等许多方面。

《周易》言："穷则变，变则通，通则久。"人工智能就是时代大变，随着人工智能的不断深入发展，越来越多的行业与人工智能产生了交集，衍生出各种各样的变化，而在这转型之中必然要淘汰落后的部分，吸纳先进的部分，实现转型升级，才能适应时代之变。在人工智能对生产转型产生重大影响时，也有很多企业抓住了时代契机，实现生产的转型升级，做大做强。人工智能当前的发展并不是很成熟，还只是一个新兴事物，但这是一颗冉冉升起的新星，具有无限的潜力，大数据、云计算、深入学习等还有很大的空间值得去探索。因此，人工智能的前景一片光明。但是，在发展人工智能的同时也存在很大的隐患，如伦理道德、就业、隐私等，这些都是在发展人工智能的时候需要多加注意的。

第九章 人工智能与工商管理的未来

应用人工智能技术对个人、企业、国家而言都是一件有益的事情。在人工智能技术的帮助下，学者可以从海量的数据中挖掘研究议题，消费者可以享受人工智能带来的便利，企业可以进一步释放生产力，为供给侧改革注入新的活力。本章围绕人工智能应用于工商管理发展的现状、面临的挑战以及融合的要求展开论述，梳理人工智能与工商管理之间的关系。

第一节 人工智能的工商管理综合应用

当下，人工智能已经逐渐走进我们的生活，并在众多领域拥有广阔的应用前景。本节主要探讨人工智能应用于工商管理的发展现状、未来趋势以及两者融合的必要性。

一 人工智能化工商管理的发展现状和趋势

当前，许多大企业为了提高核心竞争力，竞相将人工智能引入企业管理，助推企业管理实现智能化。我国企业与国际上的先进企业相比，虽然存在着一定的差距，但在海量数据控制、分析以及应用等方面取得了非常大的进展。

（一）短期和中期情况

1. 实现对海量数据的控制

企业可以在战略数据规划的基础上建设主题数据库，借助智能化软件和非智能化软件解决经营管理问题，实现对海量数据的控制。接下来利用人工智能的机器学习能力对海量数据进行统计分析。典型的例子是应用人工智能优化定价策略（Wang et al.，2018），定价策略必须平衡两个相互制衡的问题：价格低，足以吸引客户，价格高，可以使企业获得足够的利润。企业可以使用人工智能分析大量的数据，设置最优价格，并实时调整价格。例如，Kanetix 帮助加拿大客户进行汽车保险交易，允许潜在买家比较和评估 50 多家供应商提供的价格和费率。

2. 实现对非数据结构的分析

目前，对结构化数据的收集和分析已经较为成熟，而对非结构化数据的分析涉及神经网络、语音识别、文本识别等技术。对非结构化数据的分析和研判可以使客户对企业提供的产品和服务有更深入的了解，并且能挖掘其需求潜力。总体上说，利用非结构化数据分析技术进行数据分析对于稳定经济和预测潜在危机十分重要。有效的数据搜集可以预测消费者的需求偏好，以使企业根据消费者的需求生产产品、提供相应的服务，最大化地满足消费者的需求，替代市场上的竞争产品。例如，Angie 是一个虚拟人工智能助理，在与一家名为 Century Link 的电信公司进行试点测试中，正确地理解了收到的 95% 以上的电子邮件，因此 Century Link 的投资获得了 20

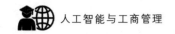

倍的回报。

3. 实现智能机器人的应用

进入智能时代，智能客服、智能财务等机器人可以专注于应对更复杂的客户服务请求，提升销售人员的能力。目前，很多互联网平台以智能客服部分取代了人工服务。在线客服聊天机器人可以自动回复用户提出的问题，降低企业运营成本，而且快速响应又能提升用户体验。与面向消费者的聊天机器人不同，企业聊天机器人更多地用来处理一些虚拟任务，例如录入数据、安排日程、进行内部项目管理等。它们不仅使公司内部的业务流程更加自动化，而且简化了企业与供应商之间的合作流程。在医学和心理健康方面，聊天机器人已经被证明是治疗抑郁症和焦虑症等适应征的一种有效且容易获得的方法，现如今也逐渐扩展到除心理健康领域外的人际行为应用领域。聊天机器人还可以根据情景对用户进行提问、追问。这一模式更为主动，更易调动用户参与度，提高用户黏性。

(二) 长期趋势

1. 实现精准的经营预测

在未来，高级人工智能可以嵌入一个数字表现形式，实现精准预测。高级人工智能，如 Jarvis 拥有先进的数据功能，可以检查多种数据类型，不断适应新的环境，并可以超出它所接受的训练范围。未来主义者会让我们相信，这种人工智能未来将会出现，能够精准地预测客户偏好，并具有管理客户服务的能力。我国中小型企业在以往开展经营预测的过程中主要是依靠人工，相对来讲效率不高，因此将人工智能技术应用在中小型企业的经营预测环节是非常必要的。

2. 实现管理的机器专家

先进的人工智能可以嵌入机器人，比如电视节目 "Almost Human"中的人工智能。先进能力包括面部识别、生物扫描、分析非数字刺激，如 DNA、速度阅读、多语言以及使用手指测量液体的温度，可以适应各种新的环境。学者们预测，这种机器人专家对于满足客户需求，如家庭服务、家庭安全、医疗支持非常重要。这样的机器人甚至可以在情感上与客户结合，部分代替人类伙伴和动物伙伴的功能。

二　工商管理融合人工智能的必要性

（一）实践应用的需要

人工智能和工商管理融合发展是因为人工智能可以帮助企业预测客户需求，并提高预测的准确性。企业甚至可能调整其业务模式，根据数据对客户的需求进行预测，不断为客户提供更满意的商品和服务。因此，考虑到不同的客户购买行为和营销策略，人工智能驱动算法如何扩展到预测真正新产品的需求变得越来越重要。人工智能算法可能对新产品具有良好的预测能力，可以通过海量数据来训练机器学习模型。

（二）社会发展的要求

人工智能催化了不同商业管理模式下的社会需求，比如交通行业、销售行业、在线零售行业。在交通行业，无人驾驶、人工智能汽车改变了商业模式和客户行为。出租车业务必须不断发展，以避免被边缘化的趋势；无人驾驶汽车可以以更快的速度行驶，通勤时间将减少。在销售行业，人工智能可以协助销售人员，使用先进的语音分析能力，从客户的语气中推断出问题，并提供实时反馈，以指导销售人员的工作。在这个意义上，人工智能可以增强销售人员的能力。人工智能与工商管理的融合发展不仅基于计算机科学，而且也结合了心理学、经济学以及其他社会科学（Ying et al. , 2019）。

第二节　人工智能对工商管理的积极影响

人工智能将对大学、企业、政府等类型的组织产生内部或者外部的影响。在内部，人工智能将更快、更好和低成本地执行多种任务，即使是咨询、金融服务和法律等知识密集型行业也会发生重大变化。在外部，它也将影响公司与其客户、其他公司以及整个社会之间的关系。本节将从内部和外部两个视角出发，介绍人工智能对工商管理各主体之间的影响。

一　在内部系统层面

（一）激发管理层领导风格转变

在人工智能以前所未有的方式改变公司管理的时候，管理者需要采取一种能激发员工信心的领导方式。促成公开对话，熟练地解决冲突，掌握人性化、合乎道德、开放和透明的管理技巧是非常必要的。管理人员不能单纯依靠人工智能，而是可以借助人工智能进行认知计算和政策制定。未来的管理者需要成为评估技能的专家，以确定每个员工在公司和人工智能混合系统中的最佳位置。同时，他们也需要与时俱进成长为富有活力的创新者，充当移情导师和数据驱动的决策者。

（二）促使员工就业灵活性转变

人工智能的应用，毫无疑问，将使员工工作类型、内容以及未来发展前景发生变化。虽然人工智能不太可能完全取代人工，但将有越来越多的任务外包给人工智能，员工将不得不面对与人工智能竞争某些岗位的现实。将人工智能的飞速发展与员工延长的寿命相结合时，就衍生出终身学习和职业灵活性的概念（Pucciarelli and Kaplan，2016）。在这种情况下，员工将不得不持续学习新的技能来抵消人工智能技术的进步带给自己的影响。企业家、创新者、创造者和热衷于迎接新挑战和新机遇的员工在商业竞争及职场中将越来越有竞争力，必要的培训可以由公司自己进行。例如，电信巨头 AT & T 每年花费 3000 万元进行雇员的数字技能培训，对于内部培训成本高的小公司也可以由工会等外部实体提供培训。

二　在外部系统方面

（一）有利于建立消费者信心

公司在应用人工智能技术改进设备、提高效率、研发产品和提供服务等的时候，只有消费者广泛认可和接受，才是有意义的。这意味着消费者需要对人工智能提供的建议和对数据的使用有信心，比如虽然人工智能系统已经能够像大多数医生一样准确地诊断 X 光图像，甚至比他们更好，但是大多数消费者仍不愿相信机器的诊断结果。此外，不过度相信人工智能的潜力也是建立消费者信心的一个必要前提。从服务研究中可知，消费者判断服务质量的一个基本前提是期望和现实之间的差距（Parasuraman et al. ，1985）。比如用过亚马逊 Alexa、谷歌 Home 或苹果 Siri 的人都知道，这些产品的广

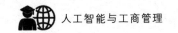

告很少与现实相符。

（二）有利于建立持久竞争优势

在人工智能快速发展的时代，企业将面临建立持久竞争优势的挑战。企业要想在竞争中胜出只有两种方法：拥有更快的硬件或者更多的数据。在硬件方面，芯片设计者已经致力于开发新型 CPU，这种 CPU 在硬件层面上嵌入基本的工具，如神经网络，而不是把它们编程成通用系统。从数据来看，少数大公司会获得越来越多的数据，提供更精良的 AI 系统和更多的数据实现自我驱动的螺旋式增长。在这样一个世界里，企业需要不断改变以适应现有竞争对手业绩的变化以及新公司的出现。

（三）有利于政府监督决策

在人工智能大量引入的情况下，由管理层、雇员、消费者和竞争对手构成的生态系统发生了较大的变化，需要制定规则、进行立法予以控制，以避免人工智能失控。比如政府可以限定机器和人类之间竞争的领域。在法国，有一项法律限制公共行政机构在工作时间后使用信息技术自我服务系统。此外，面对隐私和数据保护等两难问题，需要以人权和基本隐私权的名义平衡社会进步。欧盟颁布了《一般数据保护条例》（GDPR），在这一问题上迈出了重要的一步。同时，各个国家已经在这方面做出了不同的努力，这些努力可能会影响未来几年甚至几十年人工智能的发展趋势。

第三节　人工智能对工商管理的重大挑战

随着第四次工业革命的来临，人工智能和机器学习技术正在推动越来越多的业务实现自动化，这些技术有望比人类管理更具成本效益（Castelli et al., 2016），但它们也可能存在问题。例如，自动交易算法在美国股票市场上造成了闪存崩溃。本节从企业管理和人工智能基本组件两方面入手，分析我们所面临的挑战。

一　企业管理面对的挑战

（一）智能技术的通用性不强

就大部分制造业企业而言，各车间独立运作，各制造环节在作业流程上并未做到一体化，极大地增加了企业的沟通成本，降低了生产效率。在生产流程的各环节使用人工智能技术对兼容性要求较高。从自动化生产系统到自动化分装系统、自动立体仓储系统、自动物流系统、自动监控系统、财务数据处理系统，各系统之间难以形成有效对接。各环节的系统后台数据及架构设计分别来自不同厂家，有着不同的思维模式，所以联通是较难解决的。例如被广泛使用的 SAP 软件，由不同的生产商参与，大多数软件是为单个公司设计的，没有统一的开放接口与标准，使得各类系统数据之间难以互通共享，数据标准差异大，极大增加了人工智能顶层设计标准的复杂度，使得人工智能技术在企业生产经营应用中还不具备落地普适性。

（二）人才管理的难度加大

人工智能能够在很多方面协助甚至代替人类的工作，且往往能够更加高效和高质地完成工作，一旦大量的职业人员被替代，企业的管理结构会变得更扁平化，企业中层管理者的管理幅度增加，这对其管理能力提出了更高的要求。既然简单重复的工作可以由人工智能来完成，企业更多的是需要富有创造性和创造能力的员工，招聘标准也会集中在具有创造性思维上，这对于企业传统的人才观念和管理方式会产生很大的冲击。此外，传统的人力资源管理主要是企业和员工之间的连接，现在已经开始与机器学习、决策分析、大数据、云计算等科技进行融合，人力资源管理者的工作性质也开始变化，需要更多具有专业能力的人才，这就给企业的人才管理带来了极大的挑战。

（三）财务人员的能力不足

作为新时代的产物，大数据能够促进各行各业的有效发展，而人才的重要性不言而喻。人工智能技术为现代财务管理提供了强大的动力，提高了财务管理的效率，但同时也给企业财务管理人员提出了更高的要求。目前，我国一般企业的财务部门技术力量配置相对较弱，业务处理水平较低，缺少会计分工，不重视对公司财会人员技术的培养。

二　人工智能技术面对的挑战

（一）数据输入的连通性不足

人工智能可以视为一组技术组件，以模拟人类智能的方式收集、处理和分析数据。人工智能可以处理大量的数据，使得它在大数据时代变得越来越重要（Kietzmann et al.，2018）。人工智能也越来越能够进行非结构化输入，如图像、语音或对话。许多公司在其人工智能应用程序中使用历史数据做消费者预测。例如，Fraugster使用交易数据，包括账单和发货地址以及 IP 连接类型来监测付款欺诈。人工智能还可以通过物理传感器或跟踪在线活动实时收集数据。例如，零售商的人工智能应用程序可能会监测商店中的购物者，并结合他们通过商店 Wi-Fi 浏览竞争对手网站的数据，决定是否向他们提供折扣。

数据对人工智能是不可或缺的，没有海量数据，人工智能只能被描述为数学虚构（Willson，2017）。例如，自动驾驶汽车相互连接，当一辆汽车出错时，可以快速进行共享学习；人工智能还可以与外部数据库连接，使用文本、可视化、元数据和其他类型的外部数据，包括搜索引擎或社交媒体找出解决方案。

（二）标准算法的质量不可预测

机器学习算法有三种类型，分别是监督算法、无监督算法和增强算法。在有监督的机器学习中，专家给出了可以正确输入和输出的计算机训练数据集，从而强化学习，并制定规则应用于同一问题。例如，人工智能可以被训练来监测小细胞的变化，发现早期癌症（Tucker et al.，2018）。相反，在无监督学习中，计算机被赋予一个有输入但没有确定输出的训练数据集。该算法的任务是找到对数据点进行分组的最佳方法，并确定它们之间的关系。最终的机器学习形式被称为强化学习。算法被赋予一个训练数据集加上一个目标，它必须找到实现该目标的最佳动作组合，这就需要为评判选择行动提供标准，并对其采取的行动给予奖励。

机器算法是处理数据输入的计算过程（Skiena，2012），但与连通性一样，对人工智能的认知能力提出了挑战。在实施预测之前，机器学习预测的质量很难评估，也很难评估通过机器学习确定的模式是否适用于一般人群（Hudson and Agarwal，2017），这就会带来一定的风险。此外，机器学习会产生人类无法理解的输出，导致无法纠正或控制的后果，就像 Facebook 的人工智能谈判机器人开发自

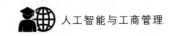

已无法理解的语言一样，且机器学习将复杂的特征或想法转换成二进制格式的能力也受到限制。

（三）输出决策的不易察觉性

输出决策是人工智能的第三个关键组件，它是承接机器学习过程产生的。在比较简单的程序中，人工智能可能会产生一个单一的结果。在复杂情景中，需要根据不同的任务执行不同的程序。例如，机械任务，根据客户使用的关键字传递脚本响应；分析任务，就客户面临的问题类型得出结论；直觉任务，理解客户为什么会抱怨；移情任务，例如试图平息客户的投诉。直觉和移情任务比机械和分析任务更难，即使非常强大的人工智能解决方案也是如此。

机器学习过程产生的输出决策具有不可察觉性，绝大多数人工智能应用程序往往被用户忽略。例如，一些人工智能系统会根据其分析结果采取行动（Wilson and Daughty，2018），这可以帮助用户接受这项技术，甚至可以改变用户行为。但人工智能的不可察觉性也意味着它的使用可能会不受限制和挑战，这带来了道德和声誉威胁，因为数据信息已经从公司与其客户之间的明确互动扩展到客户的社会生活，甚至通过个人可穿戴设备和其他互联网设备涉足客户的家庭生活。此外，人工智能的不易察觉性使评估所需数据的安全性变得困难。

第四节　本章小节

在经济全球化、数字化的时代背景下，曲折发展60多年的人工智能迎来了新的发展机遇，同时也面临着新的挑战。人工智能的发展已经提升至国家政策层面的高度，《新一代人工智能发展规划》明确我国人工智能技术分三步走的战略目标。第一步是在 2020 年，人工智能总体技术和应用与世界先进水平同步，有力地支撑我国进入创新型国家行列和实现全面建成小康社会的奋斗目标；第二步是到 2025 年，人工智能基础理论实现重大突破，成为带动我国产业升级和经济转型的主要动力；第三步是到 2030 年，成为世界主要人工智能创新中心，为跻身创新型国家行列和建设经济强国奠定重要基础。

我国在人工智能技术、人工智能产业变革、机器学习、深度学习、人机交互等人工智能关键技术上取得了一定突破，并且与工商管理理论和实践应用紧密相连。人工智能给人力资源管理、组织行为、市场营销、战略管理、创新管理、财务会计管理、运营管理、企业转型等带来诸多深刻的变革，工商管理未来的发展面临广阔的前景。例如，从企业自身发展需要而言，企业采纳、应用以及推广人工智能技术，不仅有利于促进企业经营结构升级，而且可以提高生产效率，实现效益最大化。此外，通过人工智能技术升级还可以代替部分低技能劳动力，实现产业升级。因此，要抓住人工智能技术发展带来的巨大契机，通过技术突破和应用突破，构建我国企业人工智能技术应用的优势，加快企业向人工智能技术应用发展的步伐，为企业提升竞争力打下坚实的基础。

参考文献

［1］ Abbott, R., Bogenschneider, B., "Should Robots Pay Taxes? Tax Policy in the Age of Automation", *Socialence Electronic Publishing*, Vol. 12, January 2018, p. 32.

［2］ Acemoglu, D., Restrepo, P., "Artificial Intelligence, Automation and Work", *Social Science Electronic Publishing*, 2018.

［3］ Adams, J. S., Berkowitz, L., "Inequity in Social Exchange", *Advances in Experimental Social Psychology*, 1965, 2 (1): 267 – 299.

［4］ Agdip Singh, Karen Flaherty, Ravipreet S. Sohi, "Sales Profession and Professionals in the Age of Digitization and Artificial Intelligence Technologies: Concepts, Priorities, and Questions", *Journal of Personal Selling & Sales Management*, Vol. 39, No. 1, 2019, pp. 2 – 22.

［5］ Agrawal, A., Mchale, J., Oettl, A., "Finding Needles in Haystacks: Artificial Intelligence and Recombinant Growth", *Nber Chapters*, 2018.

［6］ Agrawal, S., "The Impact of Emerging Technologies and Social Media on Different Business", *Marketing and Management*, 2018.

［7］ Ahmed, Sami, "Cryptocurrency & Robots: How to Tax and Pay Tax on Them", *Social ence Electronic Publishing*, Vol. 1, No. 1,

December 2017, p. 68.

[8] Akter, S., Wamba, S. F., Gunasekaran, A., et al., "How to Improve Firm Performance Using Big Data Analytics Capability and Business Strategy Alignment?" *International Journal of Production Economics*, Vol. 182. No. 1, December 2016, pp. 113 – 131.

[9] Aldhafferi, N., *The Dark Side of Digital Technologies*, 2018 21st *Saudi Computer Society National Computer Conference* (NCC), April 2018.

[10] Andreas Kaplan, Michael Haenlein, "Siri, Siri, in My Hand: Who's the Fairest in the Land? On the Interpretations, Illustrations, and Implications of Artificial Intelligence", *Business Horizons*, Vol. 62, No. 1, January 2019, pp. 15 – 25.

[11] Ang, J. B., Banerjee, R., Madsen. J. B., "Innovation and Productivity Advances in British Agriculture: 1620 – 1850", *Southern Economic Journal*, Vol. 80, No. 1, July 2013, pp. 162 – 186.

[12] Arntz, M., Gregory, T., Zierahn, U., "The Risk of Automation for Jobs in OECD Countries: A Compapative Analysis", *OECD Social Employment & Migration Working Papers*, NO. 189, May 2016, p. 34.

[13] Ashok Kumar, "From Mass Customization to Mass Personalization: A Strategic Transformation", *International Journal of Flexible Manufacturing Systems*, Vol. 19, No. 4, April 2008, pp. 533 – 547.

[14] Bailey, A. D., Hackenbrack, K., De, P., et al., "Artificial Intelligence, Cognitive Science, and Computational Modeling in Auditing Research: A Research Approach", *Journal of Information Systems*, Vol. 1, No. 1, March 1987, p. 20.

[15] Bajari, P., Nekipelov, D., Ryan, S. P., "Machine Learning Methods for Demand Estimation", *American Economic Review*, 2015, 105 (5): 481 – 485.

[16] Brock, K. U., Von Wangenheimz, F., "Demystifying AI: What Digital Transformation Leaders Can Teach You about Realistic Artificial Intelligence", *California Management Review*, Vol. 61, No. 4, July 2019, pp. 110 – 134.

[17] Brodie, Hollebeck, "Customer Engagement: Conceptual Domain Foundational Propositions and Research Implications", *Journal of Service Research*, 2011, 14 (3): 252 – 271.

[18] Brundage, Miles, "Limitations and Risks of Machine Ethics", *Journal of Experimental and Theoretical Artificial Intelligence*, Vol. 26, No. 3, July 2014, pp. 355 – 372.

[19] Brynjolfsson, E., Mitchell, T., Rock, D., "What Can Machines Learn, and What Does It Mean for Occupations and the Economy?" *AEA Papers and Proceedings*, 2018.

[20] Buchanan, B. G., "A (Very) Brief History of Artificial Intelligence", *Ai Magazine*, Vol. 26, No. 4, December 2005, pp. 53 – 60.

[21] Buck, B., Morrow, J. "AI, Performance Management and Engagement: Keeping Your Best Their Best", *Strategic HR Review*, Vol. 17, No. 5, October 2018, pp. 261 – 262.

[22] Byyuanqi, Jingxiao, "AI Powers Financial Services to Improve People's Lives", *Communications of the ACM*, Vol. 61, No. 11, November 2018, pp. 65 – 69.

[23] Cai Qiming, Zhu Meifang, Tang Hong, "Construction and Application of Enterprise Human Resource Strategic Management System

Based on Artificial Intelligence", *Leadership science*, Vol 1, No. 24, 2019, pp. 80 – 82.

[24] Castelli, Lorenzo, Cook, et al., "Long-term and Innovative Research in ATM", *Journal of Air Transport Management*, 2016.

[25] Chen Ruifan, "The Impact of Artificial Intelligence on Enterprise Financial Management", *National circulation economy*, Vol. 7, No. 1, 2020, pp. 78 – 79.

[26] Cheung, C. M. K., "Panel Report: The Dark Side of the Digitization of the Individual", *Internet Research*, Vol. 29 No. 2, April 2019, pp. 274 – 288.

[27] Cordeschi, R., "AI Turns Fifty: Revisiting Its Origins", *Applied Artificial Intelligence*, Vol. 21, No. 4 – 5, 2007, pp. 259 – 279.

[28] Corea, Francesco, "Applied Artificial Intelligence: Where AI Can Be Usedin Business", *Machine Ethics and Artificial Moral Agents.* 2019.

[29] Dan Dumitriu, Mirona Ana-Maria Popescu, "Artificial Intelligence Solutions for Digital Marketing", *Procedia Manufacturing*, Vol. 46, No. 1, June 2020, pp. 630 – 636.

[30] Danneels, E., "Disruptive Technology Reconsidered: A Critique and Research Agenda", *Journal of Product Innovation Management*, Vol. 21, No. 4, July 2010, pp. 246 – 258.

[31] Daron Acemoglu, "The Review of Economic Studies Limited Directed Technical Change", *The Review of Economic Studies.* Vol. 69, No. 4, October 2002, pp. 781 – 809.

[32] Davenport, T., Guha, A., Grewal, D., et al., "How Artificial Intelligence Will Change the Future of Marketing", *Journal*

of the Academy of Marketing ence，Vol. 1，No. 1，October 2020，pp. 48.

[33] David Lorge Parnas，"The Real Risks of Artificial Intelligence"，*Communication of the ACM*，Vol. 60，No. 10，2017，pp. 27 – 30.

[34] DeCanio，Stephen，J.，"Robots and Humans-Complements or Substitutes?" *Journal of Macroeconomics*，Vol. 49，September 2016，pp. 280 – 291.

[35] Deming，R. E.，"The Role of Environmental Management Systems"，2017.

[36] Elena，F.，"Embedding Digital Teaching and Learning Practices in the Modernization of Higher Education Institutions"，*Proceedings of the International Multidisciplinary Scientific GeoConference SGEM*，2017，17（5 – 4）：41 – 47. doi：10. 5593/sgem2017/54.

[37] Esteva，F.，Godo，L.，Vidal，A.，"On a Graded Modal Logic Approach to Reason with Fuzzy Preferences"，2017.

[38] Flasiński，M.，"History of Artificial Intelligence"，Switzerland：Springer International Publishing Switzerland，2016.

[39] Folger，R.，Konovsky，M. A. "Effects of Procedural and Distributive Justice on Reactions to Pay Raise Decisions"，*Academy of Management Journal*，1989，32，115 – 130.

[40] Frey，Osbornema，"The Future of Employment：How Susceptible Are Jobsto Computer isation ?" *Technological for Ecasting and Social Change*，Vol. 114，No. 1，2017，pp. 254 – 280.

[41] Gao，Y.，Wang，J.，"Active Learning Method of Bayesian Networks Classifier Based on Cost-sensitive Sampling"，*IEEE International Conference on Computer Science & Automation Engineering*，

July14，2011.

[42] Ge Yaxiu，Chen Kaiyu，"Enterprise Human Resource Management Reform Under Artificial Intelligence"，*Economic Research Guide*，Vol. 150，No. 3，2020，pp. 124 – 126.

[43] Gijs Overgoor，et al.，"Letting The Computers Take Over：Using AI to Solve Marketing Problems"，Vol. 61，No. 4，July 2019，pp. 156 – 185.

[44] Gonzalez-Dominguez，J.，Eustis，D.，Lopez-Moreno，I.，"A Real-Time End-to-End Multilingual Speech Recognition Architecture"，*IEEE Journal of Selected Topics in Signal Processing*，42015，9（4）：749 – 759.

[45] Granados，L.，"Línea de Inteligencia Artificial Y Procesos de Razonamiento"，*Tecné Episteme Y Didaxis Revista De La Facultad De Ciencia Y Tecnología*，2017：19 – 40.

[46] Gries，T.，Naude，W.，"Artificial Intelligence in Economic Growth：Modelling the Dynamic Impacts of Automation on Income Distribution and Growth"，*German Economic Association*，2020.

[47] Grigorescu，A.，Baiasu，D.，Chitescu，R. I.，"Business Intelligence，the New Managerial Tool：Opportunities and Limits"，*Ovidius University Annals*，*Economic Sciences Series*，2020，xx.

[48] Haiping Huang，Lijuan Sun，Yichao Jin，Ruchuan Wang，"Agent-Oriented Architecture for Ubiquitous Computing in Smart Hyperspace"，*Wireless Sensor Network*，Vol. 2，No. 1，January 2010，pp. 77 – 84.

[49] Hamid Triska，"Projects Driving ICT Sector"，*Meed Middle East Economic Digest*，2012.

[50] Harrison, J. S., Thurgood, G. R., Boivie, S., "Measuring CEO Personality: Developing, Validating, and Testing a Linguistic Tool", *Strategic Management Journal*, 2019, 40.

[51] Hauser, M., Guenther, S. A., Flath, C. M., "Towards Digital Transformation in Fashion Retailing: A Design-Oriented IS Research Study of Automated Checkout Systems", *Wirtschaftsinformatik*, 2019, 61 (1): 51 –66.

[52] Hemming, S., F. D Zwart, A. Elings, I. Righini and A. Petropoulou, "Remoute Control of Greenhouse Vegetable Production with Artificial Intelligence—Greenhouse Climate, Irrigation, and Crop Production", Wageningen University: Businees Unit Greenhouse Horticulture, 2019.

[53] H. Gardner, "Intelligence Reframed: Multiple Intelligences for the 21st Century", New York: Basic Books, 1999.

[54] Hollenbeck, B., Moorthy, S., Proserpio, D., "Advertising Strategy in the Presence of Reviews: An Empirical Analysis", *the 2018 ACM Conference. ACM*, 2018.

[55] Hudson, C. M., Agarwal, S., "Probability Series Expansion Classifier that is Interpretable by Design", *arXiv*, 2017.

[56] IBM: Unplug from the Past : 19th Global C-Suite Study, IBM Institute for Business Value, 2018, https://www.i bm. com/downloads/cas/d2kejqro.

[57] Jacob, V. S., Moore, J. C., Whinston, A. B., "An Analysis of Human and Computer Decision-making Capabilities", *Information & Management*, Vol. 16, No. 5, 1989, pp. 247 –255.

[58] Jarrahi, Hossein, M., "Artificial Intelligence and the Future of

Work: Human-AI Symbiosis in Organizational Decision Making",
Business Horizons, 2018, 61 (4): 577 – 586.

[59] Jason, Geng, "Three-dimensional Display Technologies", *Advances in Optics and Photonics*, 2013, 5 (4): 456 – 535.

[60] Jirong Dong, "Application Research of Artificial Intelligence Technology in Enterprise Financial Management", 2018 International Conference on Economics, Finance, Business, and Development, 2018.

[61] Jordan, Lee, Tustin, "User-Driven Comments on a Facebook Advertisement Recruiting Canadian Parents in a Study on Immunization: Content Analysis", *JMIR Public Health and Surveillance*, 2018.

[62] Jürgen Kai-UweBrock1 and Florianvon Wangenheim, "Demystifying AI: What Digital Transformation Leaders Can Teach You about Realistic Artificial Intelligence", *California Management Review*, Vol. 61, No. 4, 2019, pp. 110 – 134.

[63] Karunakaran, S., Selvaganesh, L., "An Unique and Novel Graph Matrix for Efficient Extraction of Structural Information of Networks", 2019.

[64] Khan, M. R., Tariq, Z., Abdulraheem, A., "Application of Artificial Intelligence to Estimate Oil Flow Rate in Gas-Lift Wells", *Natural Resources Research*, No. 6, April 2020.

[65] Kietzmann, P., Lenders, M., Hahm, O., et al., "Connecting the World of Embedded Mobiles: The RIOT Approach to Ubiquitous Networking for the Internet of Things", 2018.

[66] Kiran, R., Prasad, S., Sharma, R. K., "Influence of Financial Literacy on Retail Investors' Decisions in Relation to Return, Risk and Market Analysis", *International Journal of Finance & E-*

conomics, 2020 （8）．

[67] Kumar, "Undervalued or Overvalued Customers: Capturing Total Engagement Value", *Journal of Service Research*, 2010, 13 （3）: 297 – 310.

[68] KwonsangSohn, OhbyungKwon, Sohn, K., Kwon, O., "Technology Acceptance Theories and Factors Influencing Artificial Intelligence-based Intelligent Products", *Telematics and Informatics*, Vol. 47, April 2020.

[69] Lanzolla, G. and Frankort, H. T. W., "The Online Shadow of Offline Signals: Which Sellers Get Contacted in Online B2BMarketplaces?" *Academy of Management Journal*, Vol. 59, No. 1, 2016, pp. 207 – 231.

[70] Liu Fei, Wang Hongxu, "Psychological Changes of Employees in Organizational Change from the Perspective of Management Psychology", *Psychological Progress*, Vol. 9, No. 10, January 2019, pp. 1778 – 1787.

[71] Li, W., Xu-Rui, G., Wei-Li, W., "Using Multi-features to Recommend Friends on Location-based Social Networks", *Peer to Peer Networking & Applications*, 2017.

[72] Li Yanfei, "AI Helps Enterprises to Select Digital Talents", *China's National Conditions and National Strength*, No. 4, 2020, pp. 12 – 15.

[73] Magistretti, S., Dell'Era, C., Petruzzelli, A. M., "How Intelligent Is Watson? Enabling Digital Transformation Through Artificial Intelligence", *Business Horizons*, Vol. 62, No. 6, November 2019, pp. 819 – 829.

［74］ Malhotra, Y. , "AI Machine Learning & Deep Learning Risk Management & Controls: Beyond Deep Learning and Generative Adversarial Networks: Model Risk Management in AI, Machine Learning & Deep Learning", *Social Science Electronic Publishing*, 2018.

［75］ McAfee, Andrew, Brynjolfsson, Erik, *Machine*, *Platform*, *Crowd: Harnessing Our Digital Future*, New York: WWNorton and Company, 2017, p. 402.

［76］ McCarthy, Minsky, M. L. , Rochester, N. , &Shannon, "C. E: A Proposal for the Dartmouth Summer Research Project on Artificial Intelligence", 1956.

［77］ Meng, Q. , Ma, Z. , Hu, Y. , "Application Analysis of Data Mining Technology in Administration", *IOP Conference Series Materials Science and Engineering*, 2020, 750: 012042.

［78］ Mirsepahi, A. , Chen, L. , Brian O' Neill, "An Artificial Intelligence Solution for Heat Flux Estimation Using Temperature History: A Two-input/two-output Problem", *Chemical Engineering Communications*, Vol. 204, No. 3, November 2017, pp. 289 – 294.

［79］ Nalchigar, S. , Yu, E. , "Business-driven Data Analytics: A Conceptual Modeling Framework", *Data & Knowledge Engineering*, 2018, 117 (SEP.): 359 – 372.

［80］ Ngo, Q. H. , Schmitt, S. , Ellerich, M. , et al. , "Artificial Intelligence Based Decision Model for a Quality Oriented Production Ramp-up", *Procedia CIRP*, No. 88, January 2020, pp. 521 – 526.

［81］ Nguyen, H. T. , Zhang, Y. , Calantone, R. J. , "Brand Portfolio Coherence: Scale Development and Empirical Demonstration",

International Journal of Research in Marketing, 2018, 35 (1): 60 – 80.

[82] Nick Bostrom, *Super Intelligence*: *Paths*, *Dangers*, *Strategies*, Oxford University Press, 2014, pp. 285 – 289.

[83] Norbert, Schwarz, Eryn, et al. , "Making the Truth Stick & the Myths Fade: Lessons from Cognitive Psychology", *Behavioral Science & Policy*, 2016.

[84] Parasuraman, A. , Zeithaml, A. , Berry, L. , "Model of Service Quality: Its Implication for Future Research", *Journal of Marketing*. 1985.

[85] Paulius Čerka, Jurgita Grigiene, Gintare Sirbikyte, " Liability for Damages Caused by Artificial Intelligence", *Computer Law & Security Review*, Vol. 31, No. 3, June 2015, pp. 376 – 389.

[86] Psychologist, R. S. S. S. , "Artificial Intelligence: Implications for the Future of Counseling", *Journal of Counseling & Development*, Vol. 64. No. 1, September 1985, pp. 34 – 37.

[87] P. Tamilselvi, S. K. Srivatsa, "Case Based Word Sense Disambiguation Using Optimal Features", *International Conference on Information Communication and Management*, October 14, 2011.

[88] Pucciarelli, F. , Kaplan, A. , "Competition and Strategy in Higher Education: Managing Complexity and Uncertainty", *Business Horizons*, 2016, 59 (3): 311 – 320.

[89] Raykar, V. C. , Yu, S. , Zhao, L. H. , et al. , "Learning from Crowds", *Journal of Machine Learning Research*, Vol. 11, No. 2, March 2010, pp. 1297 – 1322.

[90] Rayton, B. A. , Yalabik, Z. Y. , "Work Engagement, Psycho-

logical Contract Breach and Job Satisfaction", *International Journal of Human Resource Management*, Vol. 25, No. 17, January 2014, pp. 2382 – 2400.

[91] Riquelme, I. P., Roman, S., Cuestas, P. J., et al., "The Dark Side of Good Reputation and Loyalty in Online Retailing: When Trust Leads to Retaliation through Price Unfairness", *Journal of Interactive Marketing*, Vol. 1, No. 1, May 2019, pp. 35 – 52.

[92] Rooderkerk, R. P., Kk, A. G., "Omnichannel Assortment Planning", 2019.

[93] Sam and Jacob, "Safety First: Entering the Age of Artificial Intelligence", *World Policy Journal*, Vol. 33, No. 1, Springer, 2016, pp. 105 – 111.

[94] S. Bradley, L. Hamish, K. Dinaka ra, "Wrmeverwaltung-System fr Elektrifiziertes Fahrzeug, DE102019121711", 2020.

[95] Searle, John, R., "Minds, Brains, and Programs", *Behavioral & Brain Sciences*, Vol. 3, No. 3, 1980, pp. 417 – 424.

[96] Shahriar Akter, Samuel Fosso Wamba, Saifullah Dewan, "Why PLS-SEM Is Suitable for Complex Modelling? An Empirical Illustration in Big Data Analytics Quality", Vol. 28, No. 11 – 12, 2017, pp. 1011 – 1021.

[97] Shirin Sohrabi, Michael Katz, Oktie Hassanzadeh, et al., "IBM Scenario Planning Advisor: Plan Recognition as AI Planning in Practice", *AI Communications*, Vol. 32, No. 1, 2019, pp. 1 – 13.

[98] Skiena, S. S., "Algorithmic Resources", *Algorithm Design Manual*, 2012.

[99] Song Yingjiea, Lv Cuicuic and Liu Junxiana, "Quality And Safety

Traceability System of Agricultural Products Based on Multi-agent", *Journal of Intelligent & Fuzzy Systems*, Vol. 35, No. 15, July 2018, pp. 1 - 10.

[100] Sousa, B. M., "Dynamic Differentiation and the Creative Process in Tourism, Management Destinations", *revista brasileira de pesquisa em turismo*, 2016.

[101] Stanislav Ivanov, "Ultimate Transformation: How Will Automation Technologies Disrupt the Travel, Tourism and Hospitality Industries?" *Journal of Tourism Science*, Vol. 11, No. 1, 2019, pp. 25 - 43.

[102] Sundhararajan, M., Gao, X. Z., Vahdat Nejad, H., et al., "Artificial Intelligent Techniques and Its Applications", *Journal of Intelligent & Fuzzy Systems*, Vol. 34, No. 2, February 2018, pp. 755 - 760.

[103] Taddy, M., "The Technological Elements of Artificial Intelligence", *Nber Working Papers*, No 24301, 2018.

[104] Tambe, P., Cappelli, P., Yakubovich, V., "Artificial Intelligence in Human Resources Management: Challenges and a Path Forward", *California Management Review*, Vol. 61, No. 4, 2019, pp. 15 - 42.

[105] Tammo H. A. Bijmolt, "Challenges at the Marketing-Operations iInterface in Omni-channel Retail Environments", *Journal of Business Research*, Vol. 1, No. 1, December 2019, p. 1.

[106] Thomas Davenport, Abhijit Guha, Dhruv Grewal, et al., "How Artificial Intelligence Will Change the Future of Marketing", *Journal of the Academy of Marketing Science*, Vol. 48, No. S1,

2020, pp. 24 – 42.

[107] Thomas, W. H, Ng. "Can Idiosyncratic Deals Promote Perceptions of Competitive Climate, Felt Ostracism, and Turnover?" *Journal of Vocational Behavior*, Vol. 99, April 2017, pp. 118 – 131.

[108] Tsui, E. , Garner, B. J. , & Staad, S. , "The Role of Artificial Intelligence in Knowledge Management", *Knowledge Based Systems*, Vol. 13, No. 5, 2000, pp. 235 – 239.

[109] Tucker, C. , "Privacy, Algorithms, and Artificial Intelligence", *NBER Chapters*, 2018.

[110] Turing, A. M. , "Computing Machinery and Intelligence", *Mind*, Vol. 59, No. 236, 1950, pp. 433 – 460.

[111] Veiga, J. F. , Lyon, G. , Tung, Y. A. , "Using Neural the Network Effects Analysis of National to Uncover Culture Philippe Very", 2000.

[112] Wagner, Gerhard and Eidenmueller, Horst, G. M. , "Down by Algorithms? Siphoning Rents, Exploiting Biases and Shaping Preferences—The Dark Side of Personalized Transactions", *Social Science Research Network* , March 30, 2018.

[113] Wang, M. , Zhao, L. , Du R, et al. , "A Novel Hybrid Method of Forecasting Crude Oil Prices Using Complex Network Science and Artificial Intelligence Algorithms", *Applied Energy*, 2018, 220 (JUN. 15): 480 – 495.

[114] Wang, Ziping, Yao, et al. , "E-business System Investment for Fresh Agricultural Food Industry in China", *Annals of Operations Research*, 2017.

[115] Willson, J. D. , "Willson-Python Indirect Effects Data", 2017.

［116］ Wilson, Daughty, "AI Paradigms for Teaching Biotechnology", *Trends in Biotechnology*, 2018.

［117］ Xu Zhiqiang, Li Haidong, "From Media Integration to Artificial Intelligence: Innovative Application of Information Technology in Digital Content Industry", Institute of Management Science and Industrial Engineering. Proceedings of 2019 International Seminar on Automation, Intelligence, Computing, and Networking (ISAICN 2019), 2019.

［118］ Yash Raj Shrestha, Shiko M. Ben-Menahem, Georg von Krogh, "Organizational Decision-Making Structures in the Age of Artificial Intelligence", *California Management Review*, Vol. 61, No. 4, 2019, pp. 66 – 83.

［119］ Ya Zhang, "Research on Key Technologies of Remote Design of Mechanical Products Based on Artificial Intelligence", *Journal of Visual Communication and Image Representation*, Vol. 60, No. 1, April 2019, pp. 250 – 257.

［120］ Ying, Wang, Xiong, et al., "Present Situation of China's Business Administration under the New Economic Situation", 2019.

［121］ Özdemir, Vural, "The Dark Side of the Moon: The Internet of Things, Industry 4.0, and The Quantified Planet", *OMICS A Journal of Integrative Biology*, Vol. 22, No. 10, October 2018, pp. 637 – 641.

［122］ Zhang, Y., Xiong, F., Xie, Y., et al., "The Impact of Artificial Intelligence and Blockchain on the Accounting Profession", *IEEE Access*, 2020, PP (99): 1 – 1.

［123］ Zhu Xianghua, "A Comparative Study of Standardization Organization and Management of Social Organizations at Home and A-broad", *Standards Science*, No. 4, April 2020, pp. 6 - 12.

[124] Zymergen Inc. "AI in Industry", *Chemistry & Industry*, Vol. 82, No. 4, 2018, pp. 26 - 29.

[125] 白世文:《数字化时代,组织变革的新方向》,《人力资源》2020年第1期。

[126] 蔡启明、朱美芳、唐红:《基于人工智能的企业人力资源战略管理系统构建与应用》,《领导科学》2019年第24期。

[127] 曹静、周亚林:《人工智能对经济的影响研究进展》,《经济学动态》2018年第1期。

[128] 曹科岩、窦志铭:《组织创新氛围、知识分享与员工创新行为的跨层次研究》,《科研管理》2015年第12期。

[129] 陈冬梅、王俐珍、陈安霓:《数字化与战略管理理论——回顾、挑战与展望》,《管理世界》2020年第5期。

[130] 陈晶:《"城市新基建"加速城市智慧化建设进程》,《智能建筑与智慧城市》2020年第9期。

[131] 陈敏洁:《人工职能冲击对基础会计从业人员的影响》,《现代企业》2018年第4期。

[132] 陈前、李伟、李曙光:《人工智能对广播行业发展与影响研究》,《新闻前哨》2020年第8期。

[133] 陈瑞范:《关于人工智能对企业财务管理的影响》,《全国流通经济》2020年第7期。

[134] 陈涛:《人工智能对人力资源管理的影响研究》,《商讯》2020年第12期。

[135] 陈先昌:《基于卷积神经网络的深度学习算法与应用研究》,浙江工商大学硕士学位论文,2014。

[136] 陈信:《人工智能发展概述》,《电子制作》2018 年第 24 期。

[137] 陈赢赢、王樱、刘怀阁等:《人工智能对企业管理的影响研究》,《中国市场》2020 年第 2 期。

[138] 陈知然:《从弱人工智能到强人工智能》,《浙江经济》2019 年第 2 期。

[139] 陈志军:《价值型管理研究》,东北财经大学硕士学位论文,2002。

[140] 邓欣:《人工智能对企业人力资源管理的影响研究》,《中国市场》2019 年第 34 期。

[141] 董均瑞:《贵州 A 水泥公司薪酬体系存在的问题及对策》,贵州大学硕士学位论文,2009。

[142] 杜龙波:《企业用户人工智能技术采纳行为研究》,北京邮电大学硕士学位论文,2019。

[143] 房舒婷:《A 集团营销中心人力资源规划研究》,华侨大学硕士学位论文,2019。

[144] 房鑫、刘欣:《论人工智能时代人力资源管理面临的机遇和挑战》,《山东行政学院学报》2019 年第 4 期。

[145] 葛娅秀、陈恺宇:《人工智能下的企业人力资源管理变革》,《经济研究导刊》2020 年第 3 期。

[146] 龚君杰:《计算机技术在城市轨道交通运营上的应用》,《电子世界》2020 年第 6 期。

[147] 谷守军、王海永:《大数据时代人工智能在计算机网络技术中的应用》,《电子制作》2017 年第 6 期。

[148] 郭沫舍:《财务管理中人工智能技术的应用分析》,《现代营销》2020 年第 3 期。

[149] 郭蕊、朱涛:《人工智能对现代服务业的创新发展研究》,

《市场研究》2019 年第 7 期。

[150] 何佳威：《大数据时代企业市场营销的创新与转型》，《现代商业》2020 年第 11 期。

[151] 何筠、陈洪玮：《人力资源管理理论方法与案例分析》，科学出版社，2013。

[152] 何然：《全球化背景下的国际商务沟通语用策略——基于语境顺应视角》，《中国商论》2020 年第 3 期。

[153] 侯士江、陈国强、刘月林：《众包语境下的群智创新研究》，《设计》2016 年第 3 期。

[154] 黄晓延、段佳冬、张宇飞：《智能网联交通系统的关键技术与发展》，《电子世界》2020 年第 18 期。

[155] 贾开、蒋余浩：《人工智能治理的三个基本问题：技术逻辑、风险挑战与公共政策选择》，《中国行政管理》2017 年第 101 期。

[156] 江晓原：《人工智能：威胁人类文明的科技之火》，《探索与争鸣》2017 年第 10 期。

[157] 姜国睿、陈晖、王姝歆：《人工智能的发展历程与研究初探》，《计算机时代》2020 年第 9 期。

[158] 乐建华：《智能化时代图书馆场景式服务升级与创新》，《科教文汇》（中旬刊）2018 年第 12 期。

[159] 李闯：《浅谈计算机视觉技术在机场安全运行及航班保障中的应用》，《空运商务》2020 年第 5 期。

[160] 李黛西：《组织行为学视角下的互联网行业"996"加班文化》，《新商务周刊》2019 年第 24 期。

[161] 李红燕：《电子商务环境下商品的个性化定价研究》，华中师范大学硕士学位论文，2014。

[162] 李捷、孙平：《智媒时代抖音社交广告视觉场景的传播特征与发展路径探析》，《视听》2020 年第 5 期。

[163] 李克红：《人工智能驱动财务管理创新升级》，《北京宣武红旗业余大学学报》2019 年第 4 期。

[164] 李伦：《人工智能与大数据处理》，科学出版社，2018。

[165] 李明雄：《财险公司营销渠道的创新与整合》，《上海保险》2010 年第 3 期。

[166] 李萍：《探讨企业会计财务管理和内部控制问题》，《财经界》2020 年第 30 期。

[167] 李赛群：《关于战略重新定义与战略管理的思考》，《中国质量》2019 年第 12 期。

[168] 李天祥：《Android 物联网开发细致入门与最佳实践》，中国铁道出版社，2016。

[169] 李晓连、张婵娟：《浅析人工智能对人力资源管理的影响》，《中小企业管理与科技》2019 年第 23 期。

[170] 梁婉容：《人工智能在企业财务管理中的应用及展望》，《国际商务财会》2018 年第 6 期。

[171] 梁唯溪、黎志成：《面向电子商务的产品价格智能决策系统》，《华中科技大学学报》2002 年第 5 期。

[172] 廖青：《民营企业资金管理存在的问题及对策》，《商讯》2020 年第 18 期。

[173] 刘德寰、王妍、孟艳芳：《国内新闻传播领域人工智能技术研究综述》，《中国记者》2020 年第 3 期。

[174] 刘都：《智能机械设计制造自动化特点与发展趋势研究》，《内燃机与配件》2020 年第 11 期。

[175] 刘韩：《人工智能简史》，人民邮电出版社，2010。

[176] 刘克松、程广明、李尧：《人工智能概念内涵与外延研究》，《中国新通信》2018 年第 14 期。

[177] 刘伶俐、王端：《人工智能在医疗领域的应用与存在的问题》，《卫生软科学》2020 年第 34 期。

[178] 刘韬、王磊、向金凤：《信息技术与企业生产管理领域创新》，《信息记录材料》2018 年第 9 期。

[179] 刘知远：《大数据智能：互联网时代的机器学习和自然语言处理技术》，电子工业出版社，2016。

[180] 陆晓如：《企业人工智能战略设计需先分析业务战略和商业战略》，《中国石油石化》2018 年第 23 期。

[181] 吕芙蓉、陈莎：《基于区块链技术构建我国农产品质量安全追溯体系的研究》，《农村金融研究》2016 年第 12 期。

[182] 吕京丽：《人工智能背景下财会人员职业再规划与发展研究》，首都经济贸易大学硕士学位论文，2018。

[183] 罗仕鉴：《群智创新：人工智能 2.0 时代的新兴创新范式》，《包装工程》2020 年第 6 期。

[184] 马静宇、李泉林：《物联网环境下企业组织的效率挖掘与虚拟联盟实化》，《企业经济》2016 年第 3 期。

[185] 马少平、朱晓燕：《人工智能》，清华大学出版社，2004。

[186] 马小莉：《生物识别技术的类别及应用》，《技术与市场》2020 年第 27 期。

[187] 马振兴：《煤矿员工不安全宏观组织行为浅析》，《内蒙古煤炭经济》2019 年第 1 期。

[188] 毛航天：《人工智能中智能概念的发展研究》，华东师范大学硕士学位论文，2016。

[189] 〔美〕弗朗西斯科·里奇、利奥·罗卡奇、布拉哈·夏皮拉、

保罗 B. 坎特编《推荐系统：技术、评估及高效算法》，李艳民、胡聪、吴宾、王雪丽、丁彬钊译，机械工业出版社，2015。

[190] 欧湘庆：《人工智能对人力资源管理的影响分析》，《企业改革与管理》2020 年第 5 期。

[191] 乔泰：《下一代企业：人工智能升级企业管理》，《互联网经济》2016 年第 8 期。

[192] 邱帅兵：《面向 AI 应用的网络加速架构设计》，西安电子科技大学硕士学位论文，2019。

[193] 冉隆楠：《盒马开启新玩法》，《人民周刊》2019 年第 17 期。

[194] 汝刚、刘慧、沈桂龙：《用人工智能改造中国农业：理论阐释与制度创新》，《经济学家》2020 年第 4 期。

[195] 若冬：《2020 智能营销创新排行榜》，《互联网周刊》2020 年第 18 期。

[196] 邵一明、蔡启明：《企业战略管理》，上海立信会计出版社，2005。

[197] 沈捷、刘赣华、刘慧宇：《人工智能技术在企业财务管理中的应用》，《合作经济与科技》2018 年第 20 期。

[198] 石云汇：《组织行为学在企业人力资源管理中的应用》，《经营者》2020 年第 5 期。

[199] 史加荣、马媛媛：《深度学习的研究进展与发展》，《计算机工程与应用》2018 年第 10 期。

[200] 史颖佳：《新时期企业战略管理研究》，《现代商业》2020 年第 5 期。

[201] 宋刚、张楠：《创新 2.0：知识社会环境下的创新民主化》，《中国软科学》2009 年第 10 期。

［202］ 孙绍泽：《浅谈价格歧视问题》，《现代商业》2019 年第 2 期。

［203］ 孙蕴：《人工智能对人力资源管理的影响》，《合作经济与科技》2019 年第 19 期。

［204］ 谭彩霞：《浅析自媒体环境下的广告营销策略》，《财富时代》2020 年第 2 期。

［205］ 谭铁牛：《人工智能的创新发展与社会影响》，《中国人大》2019 年第 3 期。

［206］ 谭铁牛：《人工智能的发展趋势及对策》，《中华工商时报》2019 年第 3 期。

［207］ 谭铁牛：《人工智能的历史、现状和未来》，《网信军民融合》2019 年第 2 期。

［208］ 唐贵瑶、李鹏程、陈扬：《授权型领导对企业创新的影响及作用机制研究》，《管理工程学报》2016 年第 1 期。

［209］ 唐月民：《文化市场营销学》，中国劳动社会保障出版社，2017。

［210］ 田启川、王满丽：《深度学习算法研究进展》，《计算机工程与应用》2019 年第 22 期。

［211］ 汪菲：《浅析微信营销在零售业中的应用》，《财讯》2019 年第 21 期。

［212］ 王昊奋：《自然语言处理实践：聊天机器人技术的原理与应用》，电子工业出版社，2019。

［213］ 王家团：《人力资源价值链》，《乡镇企业导报》2003 年第 1 期。

［214］ 王娟、姚雪筠：《人工智能与数据挖掘技术在金融市场中的应用》，《电子商务》2020 年第 2 期。

［215］ 王康：《谈中小企业会计核算存在的问题及对策》，《大众投

资指南》2020 年第 8 期。

[216] 王利宾：《弱人工智能的刑事责任问题研究》，《湖南社会科学》2019 年第 4 期。

[217] 王玲琳：《人工智能对中小型企业财务管理的影响及对策研究》，《佳木斯教育学院学报》2019 年第 10 期。

[218] 王茜：《人工智能时代对会计行业的影响》，《合作经济与科技》2019 年第 19 期。

[219] 王莎：《企业投资与筹资的资金成本与风险控制的问题》，《时代金融》2020 年第 3 期。

[220] 王玮：《人工智能在保险行业的应用研究》，《金融电子化》2019 年第 1 期。

[221] 王小明：《中国汽车产业智能化升级发展研究》，《改革》2019 年第 12 期。

[222] 王小年：《浅谈人工智能对财务信息化管理的影响》，《中外企业家》2019 年第 29 期。

[223] 王仲团：《大数据时代下企业会计信息化发展的影响》，《中国中小企业》2020 点第 7 期。

[224] 吴辉：《保险智能定价 越健康越便宜》，《理财》2019 年第 9 期。

[225] 吴丽君：《高管政治激励、社会责任表现与企业双元创新行为研究》，中国矿业大学硕士学位论文，2020。

[226] 吴玫瑰：《人工智能发展对会计工作的挑战与应对》，《中外企业家》2020 年第 16 期。

[227] 肖湘雄、张睿：《人工智能驱动食用农产品质量安全精准治理研究》，《江南大学学报》2019 年第 6 期。

[228] 谢东亮、徐宇翔：《基于人工智能的微表情识别技术》，《科

技与创新》2018 年第 22 期。

[229] 徐印州、李丹琪、龚思颖：《人工智能与企业管理创新相结合初探》，《商业经济研究》2020 年第 10 期。

[230] 徐志强、张守先、李满江：《云算力新闻大数据平台研究》，《中国传媒科技》2019 年第 9 期。

[231] 徐宗本、冯芷艳、郭迅华、曾大军、陈国青：《大数据驱动的管理与决策前沿课题》，《管理世界》2014 年第 11 期。

[232] 杨波：《基于智能算法的"互联网＋"时代二手车评估定价模型研究》，《江苏商论》2017 年第 5 期。

[233] 杨建群：《人工智能背景下企业人力资源管理冲突及应对策略》，《财经界》2019 年第 33 期。

[234] 杨曦、刘鑫：《人工智能视角下创新管理研究综述与未来展望》，《科技进步与对策》2018 年第 22 期。

[235] 杨寅、刘勤、吴忠生：《科技资源开放共享平台创新扩散的关键因素研究——基于 TOE 理论框架》，《现代情报》2018 年第 1 期。

[236] 余吉安、徐琳、殷凯：《传统文化产品的智能化：文化与现代科技的融合》，《中国科技论坛》2020 年第 2 期。

[237] 袁秀斐：《人力资源管理在现代企业管理中的作用》，《中国市场》2010 年第 26 期。

[238] 张淳杰：《人工智能与深度学习》，《科技与创新》2019 年第 13 期。

[239] 张广胜、杨春荻：《人工智能对组织决策的影响、挑战与展望》，《山东社会科学》2020 年第 9 期。

[240] 张维伟：《人工智能对人力资源管理的影响分析》，《商讯》2020 年第 13 期。

[241] 张雅文：《浅谈机械制造技术的发展》，《现代职业教育》2016 年第 11 期。

[242] 赵卫东、董亮：《机器学习》，人民邮电出版社，2018。

[243] 赵志伟：《论人工智能对人力资源管理的影响及对策》，《中国乡镇企业会计》2019 年第 11 期。

[244] 郑沃林、郑荣宝、李爽、张春慧：《我国战略管理研究的回顾与进展》，《科技管理研究》2017 年第 4 期。

[245] 郑兴东、赵春宇：《"人工智能"时代高职会计专业转型升级发展的实践与探索——以安徽商贸职业技术学院为例》，《通化师范学院学报》2020 年第 9 期。

[246] 周雄伟：《人工智能发展历史概述》，《中国专业 IT 社区》2018 年 6 月 2 日。

[247] 周卓华、宗平、江婷：《大数据和人工智能驱动人力资源管理创新研究》，《当代经济》2020 年第 10 期。

[248] 朱伟：《大数据时代企业市场营销战略创新研究》，《现代商业》2020 年第 10 期。

[249] 邹德宝：《中国人工智能产业发展格局与趋势研判》，《科技与金融》2020 年第 4 期。

[250] 邹凡、张迪：《人工智能在财务管理中的实践》，《科技风》2020 年第 7 期。

[251] 邹昊舒：《科大讯飞公司人工智能产品发展战略研究》，吉林大学出版社，2020。

[252] 邹子衡：《人工智能对会计行业的影响研究》，华中科技大学硕士学位论文，2018。

后　记

在多位学者的推动下，历时两年的创作与修改，《人工智能与工商管理》终于与读者见面。由于能力、条件与时间所限，撰写过程中难免存在纰漏之处，恳请前辈、同行及各位读者不吝赐教，以期完善与精进。

在集体充分讨论的基础上，本书框架由董晓松教授总体设计，并负责全书的发起、筹备和组织工作。此外，董晓松教授具体负责本书第一章至第三章的撰写工作，其中钟丽萍协助撰写第一章，黄淑琪协助撰写第二章，张瑜铭协助撰写第三章。万芸具体负责本书第四章至第六章的撰写工作，其中范茹协助撰写第四章，宋卓璇协助撰写第五章，周云南协助撰写第六章。王静具体负责本书第七章至第九章的撰写工作，其中曾佳惠协助撰写第七章，杨菁协助撰写第八章，陈燕协助撰写第九章。此外，霍依凡协助全书知识体系构建和文献采集等工作，万婷负责内外部沟通以及全书统稿和组织协调工作。

本书编写过程中参考和引用了国内外很多相关的教材和文献，在此向引文作者表达感谢！此外，书稿在后期编辑过程中，社会科学文献出版社的多位编辑老师为此付出了辛苦的劳动，在此一并表达感谢。

　　由于水平有限，书中难免有不妥之处，还望大家能够提出宝贵的意见！

作者

2021 年 3 月

图书在版编目（CIP）数据

人工智能与工商管理 / 董晓松，万芸，王静著. --
北京：社会科学文献出版社，2021.8
ISBN 978 - 7 - 5201 - 8576 - 9

Ⅰ.①人… Ⅱ.①董… ②万… ③王… Ⅲ.①人工智
能 - 研究②工商行政管理 - 研究 Ⅳ.①TP18②F203.9

中国版本图书馆 CIP 数据核字（2021）第 121027 号

人工智能与工商管理

著 者／董晓松 万 芸 王 静

出 版 人／土利民
责任编辑／高 雁

出 版／社会科学文献出版社·经济与管理分社 （010）59367226
地址：北京市北三环中路甲 29 号院华龙大厦 邮编：100029
网址：www. ssap. com. cn
发 行／市场营销中心 （010）59367081 59367083
印 装／三河市尚艺印装有限公司

规 格／开 本：787mm×1092mm 1/16
印 张：12 字 数：150 千字
版 次／2021 年 8 月第 1 版 2021 年 8 月第 1 次印刷
书 号／ISBN 978 - 7 - 5201 - 8576 - 9
定 价／89.00 元

本书如有印装质量问题，请与读者服务中心 （010 - 59367028）联系

▲ 版权所有 翻印必究